世界のボートビルダー100

中島新吾◎著

WORLD'S 100 BOAT BUILDERS

CONTENTS

	まえがき		6
001	アルベマーレ ALBEMARLE	U.S.A. ● アメリカ	10
002	アルビン ALBIN	U.S.A. ● アメリカ	12
003	アングラー ANGLER	U.S.A. ● アメリカ	14
004	アプレアマーレ APREAMARE	Italy ● イタリア	15
005	アリマ ARIMA	U.S.A. ● アメリカ	16
006	アジム AZIMUT	Italy ● イタリア	18
007	ベイライナー BAYLINER	U.S.A. ● アメリカ	21
008	ベラ BELLA	Finland ● フィンランド	24
009	ベネトウ BENETEAU	France ● フランス	26
010	バートラム BERTRAM	U.S.A. ● アメリカ	28
011	バーチウッド BIRCHWOOD	U.K. ● イギリス	31
012	ボストンホエラー BOSTON WHALER	U.S.A. ● アメリカ	32
013	カボ CABO	U.S.A. ● アメリカ	35
014	キャンピオン CAMPION	Canada ● カナダ	37
015	カリビアン CARIBBEAN	Australia ● オーストラリア	38
016	カロライナクラシック CAROLINA CLASSIC	U.S.A. ● アメリカ	39
017	カロライナスキフ CAROLINA SKIFF	U.S.A. ● アメリカ	40
018	カーバー CARVER	U.S.A. ● アメリカ	41
019	センチュリー CENTURY	U.S.A. ● アメリカ	43
020	シャパラル CHAPARRAL	U.S.A. ● アメリカ	44
021	クリスクラフト CHRIS-CRAFT	U.S.A. ● アメリカ	46
022	コバルト COBALT	U.S.A. ● アメリカ	48
023	コビア COBIA	U.S.A. ● アメリカ	49
024	コンテンダー CONTENDER	U.S.A. ● アメリカ	50
025	クランキ CRANCHI	Italy ● イタリア	51

世界のボートビルダー100

026	クラウンライン　CROWNLINE	U.S.A. ● アメリカ	52
027	クルーザーズ　CRUISERS	U.S.A. ● アメリカ	53
028	デイビス　DAVIS	U.S.A. ● アメリカ	55
029	ドラル　DORAL	Canada ● カナダ	56
030	ダスキー　DUSKY	U.S.A. ● アメリカ	57
031	エッジウォーター　EDGEWATER	U.S.A. ● アメリカ	58
032	エッグハーバー　EGG HARBOR	U.S.A. ● アメリカ	60
033	エラン　ELAN	Slovenia ● スロベニア	61
034	エバーグレイズ　EVERGLADES	U.S.A. ● アメリカ	62
035	フェアライン　FAIRLINE	U.K. ● イギリス	63
036	フェレッティ　FERRETTI	Italy ● イタリア	65
037	フィヨルド　FJORD	Norway ● ノルウェー	66
038	フォーミュラ　FORMULA	U.S.A. ● アメリカ	67
039	フォーウィンズ　FOUR WINNS	U.S.A. ● アメリカ	68
040	グレイシャーベイ　GLACIER BAY	U.S.A. ● アメリカ	69
041	グラストロン　GLASTRON	U.S.A. ● アメリカ	70
042	グラディホワイト　GRADY-WHITE	U.S.A. ● アメリカ	71
043	グランドバンクス　GRAND-BANKS	U.S.A. / Singapore ● アメリカ／シンガポール	73
044	ハトラス　HATTERAS	U.S.A. ● アメリカ	76
045	ヘンリケス　HENRIQUES	U.S.A. ● アメリカ	79
046	ヒンクリー　HINCKLEY	U.S.A. ● アメリカ	80
047	ハント　HUNT	U.S.A. ● アメリカ	81
048	ハイドラスポーツ　HYDRA-SPORTS	U.S.A. ● アメリカ	82
049	イントレピッド　INTREPID	U.S.A. ● アメリカ	83
050	アイランドジプシー　ISLAND GYPSY	China ● 中国	84

CONTENTS

051	ジャノー JEANNEAU	France ● フランス	85
052	ジュピター JUPITER	U.S.A. ● アメリカ	86
053	ラーソン LARSON	U.S.A. ● アメリカ	87
054	ルアーズ LUHRS	U.S.A. ● アメリカ	88
055	マグナム MAGNUM	U.S.A. ● アメリカ	91
056	メインシップ MAINSHIP	U.S.A. ● アメリカ	92
057	メイコ MAKO	U.S.A. ● アメリカ	93
058	マクサム MAXUM	U.S.A. ● アメリカ	94
059	ミノア MINOR	Finland ● フィンランド	95
060	モキクラフト MOCHI CRAFT	Italy ● イタリア	96
061	モントレー MONTEREY	U.S.A. ● アメリカ	97
062	ニンバス NIMBUS	Sweden ● スウェーデン	98
063	ヌーサキャット NOOSA CAT	Australia ● オーストラリア	100
064	ノードヘブン NORDHAVN	U.S.A. ● アメリカ	101
065	ノルディックタグ NORDIC TUGS	U.S.A. ● アメリカ	102
066	オーシャンアレキサンダー OCEAN ALEXANDER	Taiwan ● 台湾	103
067	オーシャンマスター OCEAN MASTER	U.S.A. ● アメリカ	104
068	オーシャンヨット OCEAN YACHTS	U.S.A. ● アメリカ	105
069	パーシング PERSHING	Italy ● イタリア	107
070	プレジデント PRESIDENT	Taiwan ● 台湾	108
071	プリンセス PRINCESS	U.K. ● イギリス	109
072	プロライン PRO-LINE	U.S.A. ● アメリカ	111
073	パスート PURSUIT	U.S.A. ● アメリカ	112
074	ランページ RAMPAGE	U.S.A. ● アメリカ	114
075	リーガル REGAL	U.S.A. ● アメリカ	115
076	レギュレーター REGULATOR	U.S.A. ● アメリカ	116

世界のボートビルダー100

077	リンカー RINKER	U.S.A. ● アメリカ	117
078	リーバ RIVA	Italy ● イタリア	118
079	リビエラ RIVIERA	Australia ● オーストラリア	121
080	ロバロ ROBALO	U.S.A. ● アメリカ	123
081	ロッドマン RODMAN	Spain ● スペイン	125
082	セイバー SABRE	U.S.A. ● アメリカ	126
083	シーレイ SEA RAY	U.S.A. ● アメリカ	127
084	シースィール SEASWIRL	U.S.A. ● アメリカ	130
085	シーライン SEALINE	U.K. ● イギリス	131
086	シースポーツ SEA SPORT	U.S.A. ● アメリカ	132
087	シーワード SEAWARD	U.K. ● イギリス	133
088	シャムロック SHAMROCK	U.S.A. ● アメリカ	134
089	シグネチャー SIGNATURE	Australia ● オーストラリア	135
090	シルバートン SILVERTON	U.S.A. ● アメリカ	136
091	スタマス STAMAS	U.S.A. ● アメリカ	137
092	ステバー STEBER	Australia ● オーストラリア	138
093	ストレブロ STOREBRO	Sweden ● スウェーデン	139
094	サンシーカー SUNSEEKER	U.K. ● イギリス	140
095	タルガ TARGA	Finland ● フィンランド	142
096	ティアラ TIARA	U.S.A. ● アメリカ	143
097	トロフィー TROPHY	U.S.A. ● アメリカ	144
098	バイキング VIKING	U.S.A. ● アメリカ	145
099	ウェルクラフト WELLCRAFT	U.S.A. ● アメリカ	147
100	イエローフィン YELLOWFIN	U.S.A. ● アメリカ	148
	国内取り扱い会社リスト		149
	あとがき		150

本書で使用している写真は、基本的に各ビルダーの広告やカタログ、広報資料などに掲載されていたものです

まえがき

　海外のモーターボートやモーターヨットのビルダーの歴史を調べてみると、それを設立したのは、ほとんどが、個人や兄弟、夫婦や親子、あるいは少人数のグループなどです。大きな企業によって（その事業の一部として）立ち上げられたビルダーもかつてはありましたし、現在もまったくないわけではありませんが、そういったものは例外的な存在というべき数です。

　彼らが実際にビルダー立ち上げに至る過程はさまざまですし、当初はなかば趣味として自分のためのボートを建造したという例もありますが、その多くに共通するのは、自身でモーターボートやモーターヨットを建造することこそが、彼らの要求する機能や性能を実現するもっとも確実な手段である、というある種の確信のようなものを持っていたということでしょう。

　また、彼らには、自身が要求している機能や性能をボートに盛り込むための知識や技術が、まず例外なく備わっていたはずです。もちろん、ビルダーの創設者のすべてがボートデザイナーであったわけでも、また、クラフツマンであったわけでもありませんが、たとえ自身で直接には手を下さなかったとしても、コンセプトを図面にし、ハルや上部構造や船内造作を造り、エンジンを据え付け、実際にフネを進水させるまでに何をすべきか（あるいは誰に何をしてもらうべきか）という基本的な知識は持っていたはずです。コンセプトをカタチにする過程というのは技術論であって精神論ではありません。確信だけでボートが建造できたわけではないのです。

*

　ボートビルディングをビジネスとして成り立たせるためには資金が必要です。別な事業に成功して得た資金でボートビルディングを始めた例もありますし、自宅を売却してボートの建造資金にあて、ひとりでコツコツと

フネを建造したという例もあって、それぞれのビルダーの創設者が置かれた立場や環境によってさまざまですが、彼らがそうやってボートビルダーの立ち上げに資金をつぎ込むことができたのは、プレジャーボーティングがしっかりとした文化として定着しており、そのためのボートの建造が十分にビジネスとして成り立つだけの市場が存在するという前提が必要です。そして、米国にも、ヨーロッパにも、それは20世紀の初頭から存在していました。

とはいえ、ビルダーとして安定した経営状態を保つというのは、それほど容易なことではありません。なにしろ、プレジャーボートというのはあくまでも趣味のためのものであり、ユーザーは気まぐれです。ただまた、そうであるがゆえに、ブランドの知名度だけがユーザーの選択基準になるわけではありません。いわゆる老舗と呼ばれるようなビルダーが急速に市場を失う可能性もあれば、新進気鋭のビルダーがわずか数年で急成長する可能性もあるビジネスなのです。

*

本書は、米国やヨーロッパ、オーストラリアなど、いわばプレジャーボーティング先進国のボート市場で販売されているボートのビルダーのなかから100のビルダーをとりあげ、それぞれの生い立ちや現代に至るまでの歴史をご紹介しながら、経営形態やその変遷などについても触れることで、現在のラインナップの背景にあるものを感じていただこうと記したものです。それはまた、プレジャーボーティング先進国と呼ばれる国々のビルダーが、どうやってその国や地域のボート文化を形成してきたかを知るための手がかりになるのではないかとも思います。

中島新吾
（Boating Analyst）

世界のボートビルダー100

002

アルビン
ALBIN

U.S.A. ● アメリカ

スウェーデンのエンジンメーカーとしてスタートしたアルビンが、
ボートの建造を始めたのは19世紀末。その後、米国に本拠を移し、
現在の同社に直接つながるフネ造りの歴史が始まります。

■ 発祥の地はスウェーデン

アルビンの原点というべき会社は、スウェーデンのエンジンメーカー「アルビンモーター（Albin Motor）」です。船舶用のディーゼルエンジンなども生産するようになった同社が、そのエンジンを搭載するボートも併せて建造する「アルビンマリン（Albin Marine）」としての活動を始めたのは1899年。ビルダーとしてのスタートは、この時点からということになりますが、もちろん、まだ現在の同社に直接つながるような活動ではなく、もっぱら実用船艇用のエンジンと、それを搭載した漁船や作業船を建造する、エンジンメーカー兼ボートビルダーだったようです。

同社がプロダクションボートビルダーとしての活動を本格化するのは、米国でのプロモーションが1966年にスタートしてから。これは同社の海外進出の一環として、巨大マーケットである米国に「アルビンマリン U.S.A.」を設立したことによるのですが、現在に直接つながるボートビルダーとしての活動は、この米国側の「アルビン U.S.A.」によって行われたといっていいでしょう。

アルビン最初のプロダクションモデルは27フィートクラスのセールボートで、これは米国での活動が始まった翌1967年にリリース。さらにその2年後の1969年には、モーターボート市場にも参入します。

1970年代から1980年代の初めにかけて、同社はそのラインナップを拡充していきます。実際には、トローラータイプのクルージングボートを中心にシェアを広げることになるのですが、この当時、同社のモデルは、もともとの本拠であるスウェーデンをはじめ、米国内、台湾など、さまざまな造船所で建造されていました。

当時の米国では、1960年代に実用化されたばかりのディープV系ハルを用いた高速モーターボートやモータークルーザーが注目される一方、速度こそ限られるものの、居住性に優れ、大きさのわりに燃費の良いトローラータイプもまた、人気を集めていました。特に、台湾を中心とした東南アジアで建造されるトローラーは、建造コストが低いわりに、内装には良質なチークなどをふんだんに用いており、FRP部分はともかくとしても、こと木工に関しては十分以上な工作レベルであったことなどから、米国における人気艇種のひとつになります。実際、当時のフネの中には、ハルのキール部分などに樹脂が「溜まった」状態のものさえあったようですが、トローラーという艇種であるがゆえに、より高速なモデルほどのハルの精度は、ユーザーも要求しなかったようです。

ある種の流行の中で、アルビンも台湾の造船所で建造されるトローラーが人気を博し、ビルダーとしての地位を確立。トローラーだけでなく、20フィート台の半滑走型

駆動方式はインボードまたはジャックシャフトを選択可能な26CC

アルビンの方向を決定付けた35SFのアレンジを受け継ぐ35CB

1983年から約10年ラインナップされていた、27 Family Cruiser

North Sea Cutterシリーズ。現在は生産休止中か？

小型クルージングモデルをラインナップするなど、独自のラインナップを展開します。

■1980年代末に
フィッシング市場へ

トローラーを中心としたラインナップのクルージングボートビルダーとして、国際的に知られるようになったアルビンですが、1989年、それまでのラインナップとは少し方向性の異なる、スポーツフィッシングボートをラインナップに加えます。

1989年にデビューした「32スポーツフィッシャー」、後に「32+2コマンドブリッジ」と呼ばれることになるそのモデルは、トランサムデッドライズ13度のスケグ付き半滑走型で、船型自体は、それまでアルビンが培ってきたものの延長上にあるタイプでした。また、駆動方式はVドライブでしたが、これもインボードの2基掛けで、それほど変わったものではありません。ただ、上部構造は、それまでのトローラータイプとはまったく異なり、エクスプレスタイプとフライブリッジタイプの中間といえるようなスタイルで、コクピットのフィッシャビリティと、シンプルながら居住性の良いキャビンのバランスのとれたモデルとして仕上がっていました。

このモデルは、多くのボートアングラーの注目を集めることとなり、その結果、それまでアルビンというビルダーを知らなかった層にも、同社のフネを知らしめるきっかけとなります。

以降、アルビンは、半滑走型のフィッシングボートビルダーという、他に見られない独自の方向性を持つことになりました。

■現在は
フィッシングモデル中心

かつては、スウェーデンにも本拠があり、また、海外の造船所などで生産を行っていたアルビンですが、現在は、コネチカット州に営業の拠点を置き、ロードアイランド州の施設で生産を行う、純然たる米国ビルダーとなっています。また、ボートビルディングを始めてからも、一応、継続して経営されていたエンジン部門は、1981年、ボルボ・ペンタに売却され、現在は純粋なボートビルダーです。

2009年現在のラインナップは、24フィートクラスから45フィートクラスまで9モデル。そのうち、35フィートとフラッグシップとなる45フィートは、同社の言うところの「コマンドブリッジ」で、これらは1989年に登場した32スポーツフィッシャーと同じスタイリングとアレンジでまとめられた、いわばそちらの流れを汲むもの。一方、26、28、31と、もうひとつの35フィートクラスには、「トーナメントエクスプレス」と名づけられた、ハードトップ付きエクスプレスというニュアンスのモデルが用意されています。

現在は、これらのフィッシングタイプがラインナップの中心で、クルージングモデルとしては、トーナメントエクスプレスの船尾部分にアフトキャビンを設けたような30フィートクラスの「ファミリークルーザー」が1モデル。そのほかに「ノースシーカッター（North Sea Cutter）」というモデルもあるのですが、生産休止中のようです。かつての主力であったトローラーは、もはやラインナップに存在しません。

どのモデルも、基本的にはトラディショナルなニュアンスであり、操船性に関してもこれは同様ですが、むしろそうであるがゆえに、アルビンを支持する層も少なくないはずです。

ALBIN MARINE
http://www.albinmarine.com/

003

アングラー
ANGLER

U.S.A. ● アメリカ

現行ラインナップの中核となっているセンターコンソール・シリーズは、
1980年代にデビューしたモデルと2000年以降にデビューしたモデルが混在します。
実質を重視したボート造りという印象の強いビルダーといえるでしょう。

■オイルショック期のスタート

　アングラーボート社は、まさにそのブランド名が示すように、フィッシングボートの専門ビルダーです。現在の本拠は、米国、フロリダ州のマイアミ（Miami）。創設者はエリオ・B・グリッロ（Elio B. Grillo）と彼のパートナーであるクーパー・キャンプ（Cooper Camp）です。

　もともと、グリッロはプラントマネージャーとして、他ビルダーで働いていた人物です。キャンプは彼の同僚で、セールスマネージャーでした。彼らは、自身のボートを建造すべく独立したのですが、アングラーボート社を立ち上げた時期は、まだオイルショックの影響の残る1970年代の半ば。そのスタートは、決して容易なものではなかったようです。

　しかし幸いなことに、彼らがそれまでにボートビルディングの世界で作ってきたコネクションはうまく機能し、ボートビルディングに必要な素材や販売ルートの確保にも成功。初めて建造したフネは、フロリダの5つのディーラーから引き合いがあり、幸先のよいスタートとなりました。

　アングラーは、シンプルながらも比較的価格の抑えられた小型艇というところから、急速にそのシェアを伸ばし、やがてより本格的なスポーツフィッシャーマンをそのラインナップに加えます。1980年代には、現在、ラインナップの中心となっているオフショア向けのセンターコンソールやウォークアラウンドの先駆となるモデルが次々と登場。1990年代に入ると、その種の小型スポーツフィッシャーマン専門ビルダーのひとつとして数えられる存在になり、そのブランド名も少しずつ知られるようになります。

■センターコンソールが中心

　アングラーの建造しているモデルは、すべてが船外機仕様ですが、特定の船外機メーカーの傘下グループに属しているわけではなく、また他のボートビルディング・グループの一員でもない、完全な独立系ビルダーです。

　2009年現在のラインナップは、17〜29フィートクラスに11モデルが用意されたセンターコンソールが中核となっており、その一部とハルを共用するウォークアラウンドが20〜25フィートクラスに4モデル。さらにデュアルコンソールやベイボートなどを含めて、全19モデルを数えます。

　現行ラインナップには、1980年代にデビューしたモデルが存在する一方、ほんの数年前に設計されたばかりのものもあり、スタイリングなどについては、統一性に欠けたところもないわけではありませんが、それもまた、ある意味においては、同社らしさといえなくもない部分かもしれません。

　少し前の資料によると、アングラーの従業員数は約100人（おそらく、パートタイム等も含むと思われます）、年間生産艇数は1,000艇以上とのこと。それによる純益が750万ドルといいますから、1艇あたりの平均的な収益を考えると、小型艇を中心にしたビジネスということになるようです。

　どちらかというとシンプルで、（その分、価格の抑えられた）実質重視のモデルが多いビルダーといえます。

180Fと名づけられたセンターコンソール。オリジナルは1980年代後半にデビュー

現在、ラインナップの最大艇となっている、2900CC。実質重視のセンターコンソール

ANGLER BOAT
http://www.anglerboats.com/

アプレアマーレ
APREAMARE

Italy ● イタリア

「ソレント・ゴッツォ」と呼ばれる、イタリアの小型艇を模した
ユニークなスタイリングと、現代的な航走能力を併せ持つ
独自のクルーザーラインナップを展開するビルダーです。

■ソレント・ゴッツォを模したモデル

アプレアマーレは、イタリアではるか昔から用いられていた「ソレント・ゴッツォ（Sorrento gozzo・Sorrentは地名、gozzoは小型艇の名称）」と呼ばれる小型艇のスタイリングや雰囲気を継承しつつ、独自のハイブリッド船型を用いて、半滑走～滑走域での航走を可能としたクルージングボートを建造するビルダーです。

同社は、もともとソレント近郊で実用艇などを建造するビルダーだったようで、その創設は、1849年といわれています。ただ、現代の同社に直接つながるようなモデルを建造し始めたのは、ずっと最近になってからの1970年代。当時、この造船所を経営していたアプレア家の一員であった、カタルト・アプレア（Catald Aprea）の発想によるものであったといいます。

カタルト・アプレアは、かつてのソレント・ゴッツォが、そのスタビリティのために装備していた水中のタブにヒントを得て、船尾吃水下にプレーニングボード備え、船底そのものは半滑走から滑走に適したものとしながら、一見するとカヌースターン（canoe stern・船首のように丸まった船尾）に見えるようなハルを開発。さらに、同社のクラフツマンシップを生かして、美しい木調仕上げのアコモデーションを盛り込み、クラシカルな外観とモダンな航走能力を併せ持つクルーザーを建造しようと考えます。

最終的に9mクラスのクルーザーとして完成したこのモデルは、1988年に発表され、ヨーロッパのボーティング界の大きなトピックとなりました。

以降、同社は同様な船型とアレンジでさまざまなクラスのモデルを開発。他に類を見ない、独自のコンセプトのクルージングボート・ラインナップを展開しています。

■さらに新シリーズも

2009年現在のラインナップは、28～64フィートクラス。上部構造のアレンジは、大別すると2種類で、フラッシュデッキタイプとエクスプレスクルーザータイプがあります。

マホガニーでトリミングされたチーク張りのデッキやソール、チェリーで仕上げられたキャビンの木調部など、高品質な木材をふんだんに用いたアコモデーションは、アプレアマーレの魅力のひとつで、これはどのクラスのモデルも同様です。

近年、同社は従来のアプレアマーレに加えて、「マエストロ（Maestro）」という新しいブランドのモデルを建造し始めています。これは近い将来、43～85フィートクラスをカバーするシリーズになる予定とのこと。アプレアマーレで培われたクラフツマンシップを生かし、大型化、高級化する地中海のモーターヨット市場に対応すべく開発されるもののようです。すでに、51、65フィートクラスの2艇をリリース。アプレマーレと異なり、船型やスタイリングは、モーターヨットとして、より一般的なものとなっています。

なお同社は、2001年以来、イタリアのボートビルダー・コングロマリット、フェレッティ・グループ（Ferretti group）の一員となっています。

最小モデルの28 Open。フラッシュデッキの下には、しっかりとした居住空間があります

シリーズのフラッグシップである64 Fly。独特な雰囲気のスタイリングです

APREAMARE
http://www.apreamare.it/

005 アリマ
ARIMA

U.S.A. ● アメリカ

日本人デザイナー、ジュンイチ・アリマが
自身のコンセプトを具現化するために設立した小型艇ビルダー。
小型フィッシングボートの可能性を追求するラインナップに注目。

◾小型でも優れたボートを

　アリマは、米国の北西岸、ワシントン州のオーバーン（Auburn）に本拠を置く、小型フィッシングボートの専門ビルダーです。創設者はジュンイチ・アリマ。日本人です。アリマというブランド名は、「有馬」という彼の苗字をそのまま用いたもののようです。

　創設者であり、デザイナーでもあるアリマは、もともと工業デザインの修士号を持つ人物で、アリマを立ち上げる以前は、ボート関係のデザインコンサルタントをしていたようです。彼の当時の考え方を伝える記事などによると、アリマは、より大きな出力のスターンドライブを搭載する傾向にあるボートデザインに疑問を抱いていたようで、それが、より小型ながら優れたボートを建造するビルダーの創設の動機だったといわれています。アリマ自身も、これについては「あらゆるフィッシングに必要な安全性を持つ、最小のボートを設計し、建造したかった」と述べています。

　1981年、ビルダーの立ち上げに際して、アリマが最初に設計したのは、15フィートの「シーハンター（Sea Hunter）」というモデルです。このモデルは、同年のシアトルボートショーで発表され、短期間で米国北西岸のアングラーに受け入れられます。

　アリマの本拠が置かれた、ワシントン州のオーバーンは、シアトルのわずかに南。複雑な海岸線と多数の島々が点在する、ピュージェット湾（Puget Sound）に面したところで、米国からカナダの北西岸における、フィッシングのメッカです。ハリバットなどを狙ったボトムフィッシング、サーモンを相手にするトローリングなどに加え、淡水におけるフィッシングも盛んですから、その対象魚も釣法もさまざまなものが考えられます。フロリダやノースカロライナとはかなり事情が異なりますが、それでも、そういったところのアングラーに受け入れられたアリマが、全米のボートアングラーに認められるには、それほど長い時間は必要ではなかったようです。

　現在も、同社のラインナップには、15フィートクラスの「シーハンター」が存在します。もちろん、このモデルは、1981年のオリジナルそのものではありませんが、変更された部分はごくわずかで、それも使い勝手の向上などにかかわるディテールだけ。根本的なところに変化はないようです。それだけ、基本設計の段階で、しっかりとしたコンセプトが練られていたということでしょう。

◾現在も変わらない設計思想

　同社のモデルの特徴は、1981年の創設時にデビューした「シーハンター15」から変わらず、全モデルに受け継がれています。

　まず、完全な不沈構造。これは、ハルのストリンガー（これもフォームコアのFRP製）の間や、インナ

アリマの最初のプロダクションとほとんど変わらない、15 Sea Hunter

ーライナーとハルとの隙間など、あらゆる部分にフォームを充填することで実現されています。USCG（US Coast Guard・米国沿岸警備隊）の基準で、不沈性が必要な20フィート以下のクラスはもちろんですが、それらについては基準が求める以上の浮力を確保。基準外の21、22フィートクラスのモデルについても同様な造りになっています。

他のビルダーでも、ごく小型のボートやランナバウトなどには、そういったものもありますが、アリマの場合、全モデルがセルフベイリングになっていないのも特徴です。これは、セルフベイリングにするためには、船内の床位置を水面よりも十分に高い位置に設定しなければならないため、それによる重心位置の上昇を避ける措置なのだそうです。船上で立った姿勢で魚とのやり取りを行う場合などの安全性を考慮してのことでしょう。

ハルの基本的な形状も大きくは変わっていません。トランサムデッドライズが14〜16度のモデレートV（moderate vee＝穏やかなV型）で、船尾からミジップにかけて、徐々にデッドライズが増すワープトV（warped vee＝ねじれたV型）でもあります。船外機両舷のボトムが延長され、トランサム部分の平面形が凹字型になっているのが特徴で、これはより素早く、より低い速度でプレーニングに入るようにする造作ですが、ほかに直進性なども向上させる役割を持っているとのこと。また、フネの安定性にも貢献しているようです。

フネができるだけ一体成型の部材で構成されているのも、アリマの特徴のひとつといえるでしょう。フネを構成する部材をおおまかに分けると、ハル、船内床や内部側

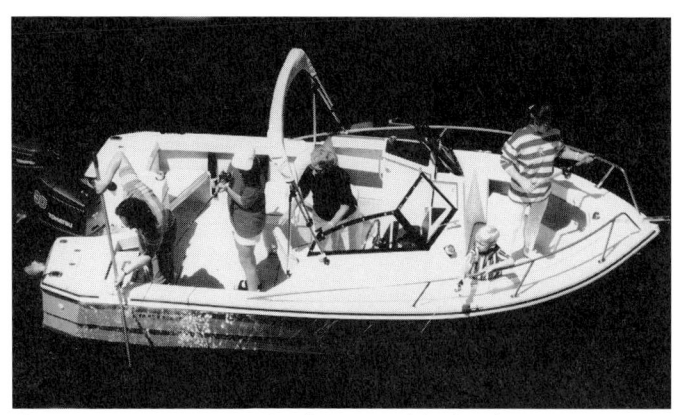

デュアルコンソールの17 Sea Pacerはファミリーユースにも向いたモデル

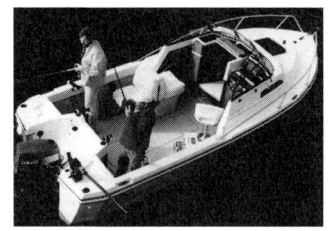

ラインナップの中核のひとつ、バウカディのSea Ranger

Hard Topと名づけられたタイプ。寒冷地らしいアレンジです

壁、カディ内の基本造作などを一体成型したライナー、そしてデッキという3つ。ライナーを接着する前に、ハル内側には、フォームをコアとしたFRP製の縦貫材やフレームを取り付け、不沈性を確保するための浮力材となるフォームを埋め込んだり吹き付けたりする作業もありますが、艤装品を除く細かい作業といえば、せいぜいそのくらいかもしれません。

◢地域性を感じるアレンジ

2009年現在、アリマのラインナップは、15〜22フィートに6クラス、20モデル。アレンジはバウカディタイプが中心ですが、一部のクラスには、コクピットとの間をドアで仕切ることのできるバウウェルを持つ、デュアルコンソールもあります。また、米国北西岸のビルダーのフネでときどき見られる、パイロットハウス型も用意されており、寒冷期のフィッシングへも対応できるように考えられています。

ただ、小型フィッシングボートの定番ともいえるセンターコンソールはラインナップに存在しません。これは、同じフィッシングボートでも、フロリダやノースカロライナのビルダーのラインナップとの大きな違いであり、アリマの地域性が表われているところといえるでしょう。

現在、アリマのディーラーは、米国やカナダの北米一円以外にも、クロアチアやマレーシア、ポルトガル、日本などにも存在します。そのフネには、あきらかに地域性を感じさせる部分もあり、小型フィッシングボートとしては、かなり個性的なモデルに仕上がっていますが、世界中にはそういったことも含めて同社のフネのありようを受け入れるユーザーがいるのです。

ARIMA MARINE INTERNATIONAL
http://www.arimaboats.com/

006

アジム
AZIMUT

Italy ● イタリア

創業から約40年で、イタリア屈指の巨大ビルダーに成長。
他に先駆けてプロダクションモデルの大型化を図り、
現在も大型モーターヨットの分野をリードするビルダー。

アジムの創設者、パオロ・ビテッリ。1980年の撮影と思われる写真

■ディーラーとしてのスタート

現在、イタリアのモーターヨット界で、フェレッティ(Ferretti)と覇を競い合う2大ボートビルディング・グループのひとつ、アジム-ベネッティ(Azimut - Benetti)の中核となるビルダーです。

イタリアには、古くから小型艇を建造する造船所が無数に存在しました。もちろん、その中には、現在も老舗ビルダーとしてプレジャーボートを建造しているところもあります。そういったところに比べると、アジムというビルダーは、むしろ新しい部類というべきかもしれません。アジムは、パオロ・ビテッリ(Paolo Vitelli)という創設者が、彼一代で創り上げたものであり、いわば、ビテッリのサクセスストーリーでもあるのです。

ビテッリとボート関連事業のかかわりは、1969年、彼がまだ大学在学中、ひとつの会社をトリノに設立したところから始まります。この会社はセールボートのチャーター業を行うためのもので、「アジム」という名はつけられていましたが、まだこの時点では、現代の同社に直接つながるような事業ではありませんでした。しかし、これはビテッリが最初に手がけたボート関連事業であり、これをきっかけに、現代につながるボートビルディングの道へ進んだという意味において、重要な役割を果たしたものであったともいえるでしょう。

会社を興したビテッリですが、その興味は、セールボートのチャーター業から、高級モーターヨット(の建造)へ移っていったといいます。そこにどういう経緯があったのかは分かりませんが、その目的のために、まず彼は自身の会社でボートを扱うディーラー業を開始します。最初に扱うようになったのは、オランダ製のクルージングボートでした。

アジムは、当時オランダで建造されていた「アメルグラス(Amerglass)」というモデルの、イタリアで最初のディーラーになります。

アメルグラスは、当時、すでにFRPによる量産モーターボートの建造を行っていたビルダーで、そのころのヨーロッパで最もモダンなビルダーともいわれていました。現在では中古艇市場でしか見られなくなったブランドですが、1970年代のヨーロッパでは、かなり注目されていたようです。現代の基準では、高級というわけではありませんが、ウッドを多用した内装や、FRPできれいに仕上げられたハル、当時としてはスタイリッシュな外観などが人気を博したのでしょう。

アジムのディーラービジネスは、うまく時流に乗ったようで、続けてほかのビルダーのディーラー権も

アジム最初期、1970年代に登場したAZ32 Targa。今見ても斬新です

獲得。扱うフネも大型化、高級化し、さらに事業を拡大します。

■オリジナル艇の建造

ディーラーとしてのビジネスの中、ビテッリは「アジム」ブランドのオリジナルモデルの開発に着手します。

アメルグラスとのジョイントベンチャーというかたちで実現した最初のモデルは、43フィートクラスの「AZ43バリ（AZ 43 Bali）」。直線を基調にまとめられた、ロングノーズのスタイリッシュなフライブリッジセダンです。1974年に発表されたこのモデルは、短期間で成功を収め、1977年には、もうひとまわり小型のタルガトップ・モデルの「AZ32タルガ（AZ 32 Targa）」もリリース。これら2モデルでアジムの最初のラインナップがかたちづくられました。

1970年代の終わりには、これらのモデルへの評価も高まり、それまでディーラー業をビジネスの中心においていたアジムは、ボートビルダーとして認められる存在になります。

1980年代後半、シリーズ最小モデルとしてラインナップされていたAZ29

1980年代のAZIMUT90。最初の大型艇、105フィートの流れを汲むモデルです

■大型FRPモーターヨット

1980年代に入ると、アジムはさらにそのラインナップを拡大していきます。ラインナップの中核となったのは、30フィート台、40フィート台のクルージングモデルでしたが、1982年には、当時、世界最大級のFRP製モーターヨットとなる、105フィートクラスのモデルを進水させ、カスタム、セミカスタムが普通であったこのクラスの大型モーターヨットをプロダクション化する可能性を示しました。

ロングデッキハウスにシェイデッド・サイドデッキという上部構造を持つこのモデルは、後にメガヨットと呼ばれるようなクラス。2007年現在、同社のフラッグシップが116フッターですから、それと比べても全長は1割ほど小さいだけというサイズなのです。25年前のFRPプロダクション艇としては、非常に大きなものであったといえますし、現代においても、このクラスのFRP艇をプロダクション化できるビルダーは、それほど多いわけではありません。

また、この105フィートモデルは、32ノットの最高速を誇る、高速モーターヨットでもありました。100フィート超クラスで30ノットオーバーのモーターヨットを実現したアジムは、さまざまな方面から注目を集めることになります。しかも、この105フッターのオーナーリストは、かの海運王、アリストテレス・オナシスの長女であり、兄のアレキサンダー亡き後、唯一のオナシス家の直系だったクリスティーナ・オナシスをはじめとして、ロックフェラーやクウェートのロイヤルファミリーといった人物で占められていました。そういった意味でも、非常に注目されたフネといえます。

■アジム - ベネッティ

1980年代はまた、アジムが現在のアジム-ベネッティ・グループの基本となる企業形態を作り上げた時期でもあります。

アジムがベネッティ（Benetti）を買収したのは1985年。ベネッティは1873年から続く老舗の造船所で、それまでの経営はベネッティ家によるファミリービジネス。クラシカルでエレガントなモデルを建

造するビルダーでしたが、その一方、伝統的なモデルのみを建造していたわけではなく、現代のモーターヨットにつながるような、スマートで先進的なレジャー用モデルを開発する能力に長けたビルダーでもあったといわれています。

鋼製、軽合金製のレジャー用大型ヨット、いわゆるメガヨット建造の先駆的な役割を果たしてきたビルダーで、ロナルド・トランプのフネとして有名な〈トランプ・プリンセス（Trump Princess）〉なども、ベネッティによって建造されたもののひとつです。

この種の老舗造船所の多くがそうであるように、ベネッティは、優れたクラフツマンを多数抱え、さまざまな設計の蓄積も持ったビルダーです。そんな同社が、アジムのプロダクションの品質向上に果たした役割は、非常に大きなものがあったはずです。

■AZとAZIMUT

1980年代の半ばから1990年代にかけて、アジムは、ラインナップを2シリーズに分けて訴求を図ります。

「AZ」シリーズは、最小モデルが

同社のフラッグシップであるFly116。3層半のデッキを持つメガヨットです

Open103S。一見エクスプレスですが、実はフライブリッジ付きです

Open43S。地中海風エクスプレスクルーザー・シリーズの最小艇

29フィートクラスのエクスプレスクルーザー。現在のアジムからは考えられないサイズですが、このシリーズの中核は、30〜40フィート台のモデルで、同社にとっては、普及クラスというような位置づけでした。

より大きなクラスに比べると、その装備などはシンプルで、ファミリー向けのクルージングモデルというニュアンスも強いモデル群です。シッピングが容易なクラスでもあり、ヨーロッパ以外の国々へも輸出しやすいシリーズであったといえるでしょう。

おおむね、50フィートより大型のクラスは、「AZIMUT」シリーズと呼ばれ、こちらは100フィート強クラスまでのラインナップです。

1980年代初めの105フィートから続く大型モーターヨットのシリーズで、ロングデッキハウスやシェイデッド・サイドデッキなど、上部構造の基本的な造りも同じ傾向でまとめられていました。1980年代の終わりには90フィートクラスまでプロダクション化。その後、110、118フィートといったクラスも開発されました。

そして、それ以上のクラスを担っていたのが、ベネッティのカスタムモデルで、いわゆるメガヨットクラスを建造します。ベネッティの造船能力は、当時の一般レジャー用ボートの造船所のレベルをはるかに超えるもので、1979年には、全長83m（約272フィート）、排水量2,465トンのモデルを進水させた記録があります。

■優れた生産管理

2009年現在のアジムは、39〜116フィートクラスに17モデルのフライブリッジタイプと、43〜103フィートクラスに5モデルのオープンタイプ（エクスプレスタイプ）をラインナップ。AZとAZIMUTというようなシリーズ分けはありません。

最新の生産設備には、優れた生産管理システムが導入されており、最小クラスのモデルならばハルの積層から約1ヶ月、68フッターでも3ヶ月で完成するといいます。この生産管理システムは、品質の安定にも貢献しており、同社は、ISO9001（品質保証に関する国際認証の一種）をイタリアで最初に取得したビルダーでもあります。

創業から約40年。いまや同社は、「アジム」だけでも1,000人以上の従業員を抱える巨大ビルダーです。

AZIMUT YACHTS
http://www.azimutyachts.com/

007

ベイライナー
BAYLINER

U.S.A. ● アメリカ

1965年、オーリン・エドソンが手に入れた小さなビルダーは、
やがて全米最大のビルダーへ成長。その背景には、
合理的な生産方法と、パッケージボート戦略がありました。

■1965年にルーツが誕生

　オーリン・エドソン（Orin Edson）は、朝鮮戦争から復員した後、趣味として保有していた数艇のレース用小型ボートを結婚資金調達のために売ることにします。ところが、これがあっという間に完売。その手腕を見ていた知人から薦められ、彼はボートディーラーを始めることになります。

　1958年、彼の店に1艇の合板製小型トレーラブルボートが入荷します。ビルダー名は「ベイライナー」。そのボートを気に入ったエドソンは、さっそくビルダーと交渉。生地完成艇を1日1艇生産できるかどうかという小さなビルダーは、彼のショップが生産艇を全部引き受けることを条件に、エドソンへ会社経営を託します。

　エドソンは、生産を拡大すべく、新しい施設を用意。フネの素材を量産に向いたFRPに切り替え、1961年に16フィートと19フィートのモデルを完成。これが新生ベイライナーとして、初めてのプロダクションでした。

　FRPは、ハルやデッキという大きな部材を一体成型で造ることができ、また、木造艇のような「職人技」がなくとも、要領をマニュアル化し、建造環境や化学的な条件を整えることで、その製作精度向上がある程度は見込める素材です。エドソンは、それにより、ボートビルディングを職人技ではなく単純作業の連続に置き換えることができるだろうと考えたのです。

　1965年に完成した18フィートモデルは、そういったエドソンの考え方を具現化したモデルでした。現在のベイライナーの実質的なルーツを1965年とする資料は少なくないのですが、それはどうやら、この新しい建造方法によるモデルがラインナップされた年をもって、新生ベイライナーの誕生と見なしているためのようです。

　ベイライナーは、ボートの建造に「流れ作業」という考え方を導入した最初のビルダーのひとつとなりました。そして、それによるコストダウンで、フネの販売価格の引き下げに成功した同社は、急速にシェアを拡大していきます。

1974年に登場した3350 Montegoは、70年代の同社の最大艇でした

■パッケージボート

　1970年代、まず生産コストの引き下げによってシェア拡大に成功したベイライナーは、1980年代に向けて、さらに次の方策を用意していました。それは、「購入したその日から、すぐに楽しむことのできるボート」です。

　日本では、以前からエンジンメーカーがボートを造るという特殊な状況になっているため、実感できないかもしれませんが、一般的に、ボートはボートビルダーが造り、エンジンはそれとは別のエンジンメーカーが供給します。そのため、ユーザーは好きなメーカーのエンジンを取り付けることができるというメリットはあるものの、場合によっては、エンジンを取り付けるまでに時間がかかったりするケースがあったわけです。また、これは現在でもそうで

が、ボートを購入したとしても、航法機器や目的に合わせた艤装品の一部などは、別に購入し、ディーラーなどで取り付ける必要があります。

ベイライナーが着目したのは、その部分でした。

同社が考えたのは、工場出荷時点で、エンジンや航法機器などをすべて装備してしまい、小型艇の場合には、専用のトレーラーなどもセットにして、ユーザーはそのフネを購入し、燃料さえ入れれば、すぐに走らせることができるようにする、というもの。エンジンにしても、航法機器にしても、さまざまな艤装品にしても、大量調達で価格は抑えられますし、工場でフネの建造時に装備しますから、後付けよりも工作は容易で、その分、コストは下がります。ユーザーにとっては選択の余地がなくなりますが、それよりも価格面のメリットを評価してくれるだろうという判断でした。

このコンセプトは、1982年に発売された「1950カプリ（1950 Capri）」で実現。このフネには、初めて「パッケージボート」という名が与えられました。同社のこの手法は市場に受け入れられ、以降、より大きなモデルにも応用されます。1980年代後半には、レーダーなどまでパッケージされたフネも存在していました。

このパッケージボートという手法は、その後、多くのビルダーが採用することになりますが、1990年代半ばくらいになると、再びオプションなどの選択肢を増やすところが多くなり、現在では、ベイライナー自身も、かつてのように徹底したパッケージスタイルをとることはなくなっています。

1970年代後半の2350 Cobraはベイライナー史上、唯一のパフォーマンスボート

1980年代末の2150 Ciera Sunbridgeは21フィートとは思えない居住性が魅力

■USマリン

ベイライナーは、パッケージボートという手法を普及させたビルダーとして知られていますが、エンジンメーカーまで含めた、複数のマリン関連ブランドでひとつの企業グループを形成するという会社形態を早くから実現していたビルダーでもあります。

明確な時期は分かりませんが、同社は、1970年代あるいは1980年代の初頭から、会社の組織上、USマリン（US Marine）というグループ企業の1部門となっています。実際のところ、当初は、ベイライナー、すなわち、USマリンというくらいのニュアンスだったのですが、このUSマリンの傘下には、他のブランドも加わり、それらの母体となっていきます。

1984年、USマリンは、当時の船外機メーカーのひとつであった、クライスラーマリン（Chrysler Marine）を買収。クライスラー・ブランドの船外機は、USマリンの傘下で「フォース（Force）」船外機となり、ベイライナーなどのパッケージエンジンとして用いられることになります。

同じく1984年、ベイライナーの28フィートクラスのハルを流用した

1980年代後半の小型フライブリッジモデル2450 Ciera Command Bridge

当初は2560、後に2556と呼ばれたCiera Command Bridgeは、日本での大人気艇

フィッシングボートが誕生します。このモデルは、「トロフィー2860（Trophy）」と名づけられ、USマリンの第2のボート・ブランドとなりました。ただ、当時は、ベイライナーの1シリーズというニュアンスが強く、ブランドの独立性は希薄でした。

■ブランズウィック傘下に

1986年、ベイライナーを含むUSマリングループは、マリンエンジン・サプライヤーであるマーキュリーマリンがその中核となっていた、スポーツ用品のコングロマリットである、ブランズウィック（Brunswick）の傘下となります。

ブランズウィックの傘下となった当初、ベイライナーを主ブランドに据えたUSマリンは、独立性の強いひとつの事業部を形成していましたが、翌1987年、ブランズウィックの意向により、突如、マクサム（Maxum）が同事業部内の新ブランドとして立ち上げられます。ランナバウトやファミリー向けのエクスプレスクルーザーを主力としたこの新ブランドは、ベイライナーと重複するような艇種で構成されていたのですが、一応の位置づけとしては、シーレイとベイライナーの中間的な価格帯を担うものとされていました。ただ、当時のベイライナーは、（それ以前の契約上？）OMCのスターンドライブや、（自グループ内の）フォース船外機をパッケージしていたため、ブランズウ

2005年のデビュー以来、フラッグシップとなっている340 Cruiser

ィックとしては、USマリン内にマーキュリーマリンのエンジンをパッケージするブランドを誕生させる必要があったともいわれています。

結局、ベイライナーが搭載するスターンドライブエンジンは契約切れ（あるいは契約解除？）により、OMCからマークルーザーへ変更。フォース船外機はマーキュリーマリンが吸収することで、この問題は決着するのですが、その後、OMCは倒産。フォース船外機は排出ガス規制への対応が難しく、生産中止となります。

なお、USマリン事業部は、1989年に「アリーバ（Arriva）」というパフォーマンスランナバウトのブランドを立ち上げますが、これは比較的短い期間でフェードアウトしています。

■純ファミリーボート・ビルダー

一時期は、16フィートクラスのランナバウトから50フィートを超えるモーターヨットまでをラインナップし、また、一応は別ブランドという扱いながらも、実質はそのフィッシングシリーズとしてトロフィーをラインナップしていたベイライナーですが、2000年くらいから、ブランズウィックのマリン関連組織が整えられる過程において、その傘下ブランドの特色をよりハッキリとさせる方向性が打ち出された結果、トロフィーは完全な独立ブランドとなってベイライナーとの関係性は希釈され、中～大型のモーターヨットは、マクサムの同クラスモデルと合わせて「メリディアン（Meridian）」という新ブランドへ移行しました。

現在のベイライナーのラインナップは、17フィートクラスのバウライダーから35フィートクラスのエクスプレスクルーザー。主力となっているのは、（米国における）トレーラブルボートで、大型のモーターヨットやフィッシングボートは、もはや存在しません。完全なファミリーボート・ビルダーといってさしつかえないでしょう。

近年は、環境に配慮したクローズド・モールドを使用する新工場などもその生産施設に加わり、従来以上に合理的な生産方法がとられる一方、技術開発や品質管理などにも重点が置かれ、コストを抑え、なおかつ品質を向上させるための工夫が随所に見られるようになっています。

2009年ラインナップの最小クラスに位置する175 Bow Rider

BAYLINER MARINE
(Brunswick Family Boat)
http://www.bayliner.com/

ベラ
BELLA

Finland ● フィンランド

近年、急速にそのシェアを拡大している、フィンランドのビルダー。
「ベラ」、「フリッパー」、「アクアドール」の3ブランドを傘下に置き、
テンダークラスの小型艇から、オーバー30フィートまでをラインナップ。

Bellaの典型的な小型艇のひとつ、510R。サイドコンソールタイプです

■成長企業

ベラ(Bella-Veneet Oy)はフィンランドの大手ビルダーです。近年は、スカンディナビアだけでなく、ヨーロッパ全域にそのシェアを広げ、ごく最近、新しい工場も整備されて、急速にその規模を拡大しているようです。

同社のプロダクションは、「ベラ(Bella)」「フリッパー(Flipper)」「アクアドール(Aquador)」という3ブランド。これらのうち、「ベラ」は、もともとの同社のブランドですが、「フリッパー」と「アクアドール」は、後に加わったものです。

ベラの創業は1970年。創設者は、現在も同社を率いるライモ・ソンニネン(Raimo Sonninen)。ソンニネンは、同社の創設から現在に至る業績を高く評価されており、功績のあった起業家に対して贈られている国際的なアウォード、「アントレプレナー・オブ・ジ・イヤー(Entrepreneur Of the Year＝EOY)」において、2007年、同アウォードのフィンランド代表(同時にフィンランド・EOY)となり、同国の代表として、ワールド・EOYにノミネートされています。

ちなみに、2007年のワールド・EOYは、カナダの新世代サーカス「シルク・ドゥ・ソレイユ」の創設者、ギー・ラリベルテ(Guy Laliberte)でしたが、こういったことからも、ベラというビルダーの、企業としての成長ぶりがうかがわれます。

■ブランズウィックも株式保有

同社の最新の資料によると、その売上げの約75％が、フィンランド国内、スウェーデン、ノルウェーというスカンディナビア3国によるものですが、フィンランド国内の売上げは、総売り上げの22％程度で、典型的な輸出企業。最近は、スカンディナビア3国以外への輸出も増加傾向にあるようで、すでに23カ国に100以上のディーラーが存在するといいます。

また、同社の国際性は、その経営形態にも現れているようです。2003年以来、同社の株式の36％は米国の巨大ボートビルディング・コングロマリットである、ブランズウィックが保有しており、2007年6月にも、両者のリレーションシップについての契約が更新されたとのニュースがありました。2007年当時のブランズウィックの株式保有率は、ベラの第3位株主に位置するものとなっていました。

さらに、ベラは、フィンランド国内においても、新たなジョイントベンチャーを行っています。

同社のボート生産に用いられるモールドは、ベラが他企業と共同で立ち上げた、スキャンモールド(Oy Scan Mold Ab)という別会社によって作られています。この会社の生産するモールドは、ベラ向けのものが最多数となってはいますが、すでに、日本でもおなじみのセールボートビルダー「バルティック」の注文などにも応じている模様です。

Bella 850。このブランドのフラッグシップとなる、スポーティーなモデル

◼Bella

　現在のベラの直接の前身となるビルダーが誕生したのは、前述したように1970年。このビルダーが、その後、フリッパーやアクアドールを吸収するかたちとなっています。

　ベラは、サイズ、艇種ともに、3ブランド中、もっとも幅広い分野をカバーしており、20〜40馬力程度の船外機を搭載する4.4mクラスのサイドコンソールから、ディーゼルスターンドライブ仕様の8.5mクラス・ハードトップ付きエクスプレスクルーザーまで、全24モデルをラインナップします。

　基本的には、スカンディナビアにおけるさまざまなボーティング・スタイルを前提とし、いかにも現代的なモデルが存在する一方、クリンカービルト風に仕上げられたハルと前傾したフロントウインドウを持つフィッシングボート的なモデルや、カヌースターンのモデルなどもラインナップ。スカンディナビア系小型艇の総合ボートブランドというニュアンスで、現在の同地域におけるプレジャーボートシーンがそっくりそのまま反映されているような印象です。

◼Flipper

　フリッパーは、もともとベラとは別のビルダーで、設立はベラよりも古い1966年。最初に建造されたのは、4.2mクラスのモデルでした。

　1970年代に入って構造面、品質面などのリファインが図られ、ディープV系のハルなども採用して、スポーティーなモデルを中心としたビルダーとしての地位を確立。1990年代半ばまでに、創設以来40,000艇を超えるモデルを生産してきた同社は、一時期、スカンディナビアのリーディングビルダーと目されていた時期もあります。

　ベラの一ブランドとなった後も、比較的スポーティーなモデルが中心となっており、現在のラインナップは、5.15mから7.05mクラスまで、10モデルで構成されています。

　70〜80年代の国産小型艇には、当時のフリッパーに酷似したものが存在しました。また、フリッパーのフネそのものも輸入されていたことがあり、日本でも以前から知られていたブランドのひとつといえるでしょう。

◼Aquador

　アクアドールは、現在、ベラが抱える3ブランドの中で、最新のもの。ベラの傘下となったのは2000年です。スカンディナビアでもっとも成長の速いブランドといわれることもあるくらい、短期間でそのイメージを確立したビルダーでもあります。

　ラインナップは、21から32フィートクラスまで、12モデルで構成。他の2ブランドは、そのモデル名がメートル法表記の全長を基本としたもの（例：Bella 850→全長8.48m）であるのに対し、このアクアドールのみ、ヤード／ポンド法（例：Aquador 25C→全長7.70m≒25フィート3インチ）を基本とした表記となっています。

　3ブランドの中では、やや高級なイメージの強いモデルが多く、素材や仕上げなどについて、手間のかかったものになっているという印象です。その分、どうしてもコスト高とはなってしまうようですが、ベラのクラフツマンシップを象徴するようなモデル群となっていることも確かです。

Flipper 705DC。エクスプレスタイプのクルーザー。このブランドのフラッグシップ

Flipper 639HT。このタイプは、1970年代から基本的に変わらぬスタイリングです

Aquador 32C。スカンディナビア艇らしい、工夫に満ちたクルージング艇です

Aquador 26HT。きれいに仕上げられたスタイリッシュなハードトップモデル

BELLA-VENEET
http://www.bellaboats.com/

009

ベネトウ
BENETEAU

France ● フランス

5mクラスの小型船外機艇から52フィートのトローラーまで、モーターボートやモーターヨットだけでも30艇種近いモデルを抱えるフランス最大手のビルダーは、120年以上の歴史を持つ老舗。

■120年以上の歴史

　ベネトウは、セールボートもモーターボートも手がける、大手の総合ボートビルダーですが、ここでは、基本的にモーターボートビルダーをご紹介していますので、ベネトウに関しては、そのモーターボートやモーターヨット関係のお話が中心です。セイルボート関連のトピックには、ほとんど触れていません。ご了承ください。

　さて、ベネトウは120年以上の歴史を持つ、フランスの老舗ビルダーのひとつです。設立は1884年。創設者はバンジャマン・ベネトウ（Benjamin Beneteau）で、当初は帆装漁船などを中心に建造するビルダーとしてスタート。ベネトウの建造するモデルは、後にエンジンを搭載した機走艇に切り替わり、漁船を中心とした実用艇ビルダーとして成長を続けます。

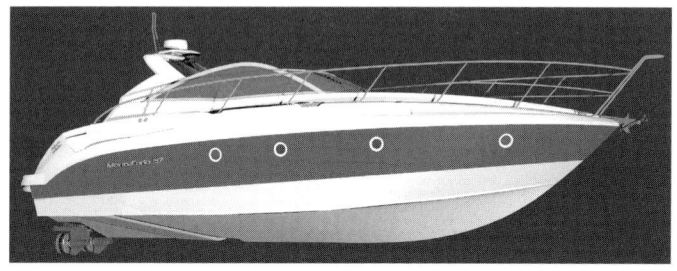

　同社がプレジャーボートビルダーとしての側面を持つのは、1960年代。ベネトウ家直系のアンドレ・ベネトウ（Andre Beneteau）、その妹で、すでに結婚していたアネット・ルー（Annette Beneteau Roux）と彼女の夫であるルイ・クロード・ルー（Louis-Claude Roux）などによって、会社経営が行われるようになった、1964年からといわれています。また、ボートの素材をFRPにシフトしたのも、この時期からです。

　なお、漁船などの業務用艇についても建造は続けられており、同社のプロダクションが全面的にプレジャーボートに切り替わったわけではありません。プレジャーボートを手がけるようになってからも、漁船を中心とした実用艇事業は順調に推移し、1990年代には、フランス最大手の漁船ビルダーと目される存在になっています。

2007年に登場した、新世代のエクスプレスクルーザー、Monte Carlo 37

Antares Serie 9は最小クラスのフライブリッジ艇。オーソドックスなスタイルです

1977年に登場し、同社のモーターボートの原点となったAntares 7.50

■アンタレスとフライヤー

　ベネトウのプレジャーボートとして最初に市場に登場したのはセールボートですが、現在の同社のラインナップに直接つながる、セールボートの「ファースト30（First 30）」と、モーターボート「アンタレス7.50（Antares 7.50）」は、同じ1977年に登場。これ以来、ベネトウはセールボートとモーターボートの両方をラインナップする総合ビルダーとして発展します。

　アンタレス7.50は、いわゆるマルチパーパスクルーザーで、クルージングからフィッシングまで、さまざまな用途に用いることができる、パイロットハウス型のモデルでした。このフネは、なかなかの好評をもって市場に受け入れられたようで、同社の主力モデルとなります。

　その後、フィッシングボートなども含む、さまざまなボートを建造していた同社が、1987年にリリースしたのが、スポーツボートの「フライヤー（Flyer）」でした。クルージン

グからフィッシングを目的としたアンタレスとは明らかに異なる方向性を持ったこのモデルは、スポーツボーティングやそのパフォーマンスを楽しむためのボートとしてシリーズ化されます。これ以降、アンタレスとフライヤーの両シリーズはラインナップを拡大。現在に至るまで、同社のモーターボート／モーターヨットの主力として、そのラインナップを支えることになります。

同社の新しい方向性を示したトローラーの最新モデル、Swift Trawler 52

500 Sun Deck。見ているだけで楽しくなってくる小型艇です

従来シリーズのフラッグシップであるAntares 13.80は落ち着いたセダン

■新しいベネトウ

21世紀に入ると、ベネトウのラインナップにも変化が見え始めます。

2003年に登場したのは、スイフト・トローラー42（Swift Trawler 42）。箱型のデッキハウスとシェイデッドサイドデッキを備えたトローラーですが、「スイフト（swift＝速い）」というその名のとおり、デビュー時のテストでは、ヤンマーの370馬力ディーゼルの2基掛けで24.8ノットという最高速を記録しています。

このモデルは成功だったようで、2008年には、より大きなシリーズ艇として、スイフト・トローラー52がラインナップされました。

そして、もうひとつ、注目したいのは、2007年に登場した、「モンテカルロ（Monte Carlo）」というエクスプレスクルーザーシリーズです。エクスプレスクルーザーそのものは、従来のフライヤーシリーズにも存在しましたが、こちらはより新しい世代のモデルで、そのスタイリングはもちろん、ハルについても船底にステップを備えた、まったく新しいものが採用されています。

スタイリングは、イタリア人デザイナーのピエランジェロ・アンドリアーニ（Pierangelo Andreani）によるものとのこと。もとマセラティやフィアットでのデザイン経験を持つ人物のようで、ベネトウとしては、アグレッシブなイタリアンデザインを期待しての起用だったようです。

これらは、それぞれ従来の同社のラインナップに存在しなかったモデルであるとともに、現在、世界的なボート市場で売れ筋と目されるタイプでもあります。ベネトウをはじめとしたフランスのビルダーは、セールボートについての認知度は国際的にもかなりのものがありますが、それに比べてモーターヨットやモーターボートは、いまひとつという傾向がありました。最近のベネトウのニューモデルは、そういった現状を打破する方向性を持ったものというニュアンスを感じます。

＊

現在のベネトウは、「グループ・ベネトウ（Groupe Beneteau）」という組織のトップでもあります。

このグループは、日本でもそのセールボートやモーターボートがよく知られているジャノー（Jeaneau）をはじめ、カスタム・セーリングヨットのCNB、カタマランのラグーン（Lagoon）といった、ボートビルダーがその中核をなすものですが、そのほかにもモービルホームのメーカーなど、マリン関連以外の企業も加わっています。

資料によれば、グループ・ベネトウはある種の総合レジャー企業グループといったニュアンスを持っているようで、ボートビルダーであるベネトウの目指すところが、さまざまなレジャーとの関連の中でのボーティング、ヨッティングであるということを感じさせます。

なお、ベネトウは1986年に米国へ進出。以来、サウスカロライナ州マリオン（Marion）に工場を置き、そちらでもボートの建造を行っています。

BENETEAU
http://www.beneteau.com/

010

バートラム
BERTRAM

U.S.A. ● アメリカ

あまりにも有名なR・ハントのディープVを得て、
伝説的なマイアミ〜ナッソー・レースの優勝でスタートした同社は、
米国を代表するコンバーチブル・ビルダーのひとつになります。

◪新しい船型

バートラムヨット創設者のディック・バートラム(Dick Bertram＝Richard Bertram)は、もともとセールボートやモーターボートのブローカーを営んでいた人物です。彼は、1958年、アメリカズ・カップの米国内トライアルに出場する1艇に乗っていたのですが、そのトライアル中、他のトライアル艇のテンダーとして、荒天の海面をものともせず疾走する小型モーターボートを見出します。この小型モーターボートは、「ハンター(Hunter)」と名づけられた23フッター。設計はレイ・ハント(Ray Hunt)。彼のオリジナルデザインであり、後に「ディープV」と呼ばれることになる船型を採用したセミ・プロダクション艇でした。

このモデルに興味を持ったバートラムは、早速にハントと交渉。ハンターと同じ船型を用いた30フィートクラスの木造艇を設計するよう、依頼することになります。

このころはまだ「ディープV」ではなく、「ハント・フォーム」とか「ハント・スタイル」と呼ばれていたハントの船型は、船底後半の主な滑走面のデッドライズがほとんど変化しないモノヘドロン(monohedron)であり、しかもその滑走面のデッドライズが23度という深いものであるというのが特徴でした。つまり、船首からミジップ付近までは、当時の一般的な滑走艇とそれほど変わらない形状ながら、ミジップから船尾に至る部分は、デッドライズを変化させない、という造りだったわけです。

2基のガソリンエンジンをインボード・ダイレクトドライブで装備した、ハント設計の「バートラム30」は、後にバートラムの妻となる女性のニックネームである〈モッピー(Moppie)〉と名づけられ、1960年のマイアミ〜ナッソー間のオフショアレースに出場して優勝。ちなみに、2時間半遅れでゴールした2位は、バートラムがハントと知り合うきっかけとなった23フィートの「ハンター」で、このフネはボルボ・ペンタの「アクアマティック(Aquamatic)」を搭載した、スタンドライブでした。

◪バートラムヨット誕生

バートラム30が優勝したときのクルーは、1956年、1957年のマイアミ〜ナッソー・レースに優勝した名レーサーのサム・グリフィス(Sam Griffith)、優れたナビゲーション能力を持つオフショア・セーラーのカールトン・ミッチェル(Carleton Mitchel)、そしてバートラム自身。実のところ、この優勝については、フネだけでなく、クルーの能力に負うところもかなり大

1960年のレースに出場した30 Moppie。タンブルホームのトランサムにも注目

初期のBertram 31SF。ハウス後部の隔壁のない、いわゆるデイボート・タイプ

有名な「31」の後継艇種だったことが不運なBertram 30FBC。わずか1年で消滅

1980年代のバートラムを代表するもののひとつ、Bertram 43 Convertible

きかったようです。とはいえ、優勝が強力なプロモーションとなったことは事実。翌1961年1月、ニューヨーク・ボートショーで、新進ビルダーの「バートラムヨット」から出品された「バートラム31」は、大変な注目を集めることになります。

なお、レース出場艇は「30」でしたが、FRP化されたプロダクション艇は、事実上、同じサイズながら、「31」。全長30フィート7インチですから、インチ部分を六捨七入して、31フィートクラスということにしたのでしょう。

「バートラム31」の好評を背景に、同社は、より小型で、その分コストを抑えた25、20というクラスを開発する一方、38フィートクラスという、当時のFRP艇としては大きなモデルの建造も開始して、ラインナップのさらなる拡大を図ります。

これらは、すべてハントの設計によるものでしたが、当初からスターンドライブ仕様(後にVドライブも追加)が前提だった25は、ボルボ・ペンタのスターンドライブ「アクアマティック(Aquamatic)」を搭載するため、その駆動部分に関する設計のみ、ドライブを開発したジム・ウィン(Jim Wynne)に依頼しています。これは、前述のマイアミ～ナッソー・レースで2位となったフネが、実はウィン自身のモディファイと操船によるものであったことが、大きな理由だったようです。

その知名度を急速に高めつつあったバートラムですが、意外にも、創設者のバートラム自身は、1960年代の半ばには同社を辞め、もとのブローカー業に戻っています。創設者がわずか数年で会社を離れ、しかもその後大きく発展した有名ビルダーは、それほど多くありません。

■デイブ・ネイピア

1970年代、バートラムのラインナップは、さらに幅広いものになります。今は存在しませんし、コンバーチブルなどに比べると、ラインナップ中では小数派でしたが、アフトキャビンを備えるモーターヨット系のモデルが本格的にラインナップされるのも、1970年代になってからです。

最終型が1994年までラインナップされ、累計で2,800艇の販売実績と24年間のモデルライフというベストセラーとなった28FBCの登場が1971年。また、35、46、42、といったコンバーチブルがシリーズ化されたのも、1970年代の前半でした。

ハントのディープV船型とともに語られることの多いバートラムですが、事実上、ハントが同社のモデルの設計に携わったのは1960年代のみ。1970年にラインナップされた35FBCが最後で、それ以降、バートラムの設計は、社内デザイナーであった、デイブ・ネイピア(Dave Napia)となります。28FBC、42、46コンバーチブルは、彼の初期のデザインです。

ネイピアの手に成るモデルには、いくつかの特徴があります。たとえば、ディープVを基本とした船型ながら、サイズや質量に合わせて、デッドライズを柔軟に変化させていることもそのひとつですし、船尾があまり絞り込まれていない平面形というのも、彼の設計らしいところです。また、その後のバートラムのアイデンティティのひとつと

なる、ブロークン&レイズド・シアー（broken and raised sheer）を取り入れたのも、ネイピアが設計を担当するようになってからでした。その航走感に関しても、スタイリングに関しても、バートラムのイメージを確立したのは、ネイピアであるといっていいでしょう。

なお、ネイピアのデザインは、ずっとバートラムに限られてきましたが、現在は完全に独立しており、他のビルダーのモデルのデザイナーとして、その名を見ることができます。

■混乱の1990年代

1980年代、バートラムのラインナップには、次々と新しいモデルが投入され、その結果、小型のクラスを除いてほとんどが新世代のモデルに移行。さらに、市場の要求する大型化や高級化に合わせて、1990年には、同社のコンバーチブルとして最大級の60と72が誕生します。

ところが、同じ1990年、米国ではラクシャリータックス（luxury

近々登場予定のBertram 800。実全長が80フィートを超える大型艇です

現行ラインナップの最小モデルで、唯一のエクスプレスでもあるBertram 360

tax＝奢侈税）が施行され、ボートの場合は100,000ドル以上のものが対象となりました。この税の影響は大きく、ボート市場は一気に冷え込み、「ボート不況」と呼ばれるような状態にまでなります。バートラムも例外ではありません。しかも、膨大な開発費をかけて2艇の大型艇をラインナップした直後ですから、ダメージは強烈でした。

1993年には一時的ながら生産を停止。このときは、1990年から経営に参画していた、イタリアの「グループ・ヴァラーシ（Groupo Varasi）」が、同社を完全に買収するかたちで資金を投入し、すぐに生産を再開。エクスプレスモデルの追加、スタイリングやインテリアの一新、36フィートクラスの小型コンバーチブルの投入など、さまざまな施策が試みられた結果、ラインナップの雰囲気は短期間で一変します。ところが、1997年の終わりに経営権は再び委譲され、親会社は同じイタリアのコングロマリット、「インテック Spa.（Intec Spa.）」に。ラインナップが一新された直後にもかかわらず、インテックは54と60、2モデルのコンバーチブルを残して、他を生産中止。1998年のラインナップは、この2モデルだけしかありません。

そんな同社に再び安定を取り戻したのは、同じくイタリアのコングロマリットながらも、ボートビルディング関連企業最大手のひとつ「フェレッティ Spa.（Ferretti Spa.）」でした。1998年10月、バートラムヨットは、リーバやパーシング（Pershing）、アプレアマーレ（Apreamare）などと同じく、そのグループの一員となります。

フェレッティ傘下となったバート

大ベストセラーとなったBertram 28FBC。写真は最後期モデルのMk III

歴代バートラムの最小クラスは20フッター。これは20 Moppie

ラムは、いわば仕切り直しのかたちで、ラインナップを一から再構築。ハルは、評価の高い従来モデルのものを生かして全長などを変更し、スタイリングとインテリアはイタリアの「ズッコン・インターナショナル（Zuccon International Project）」が一括して担当。それに米国のデザイナーが装飾を加えるという手法がとられます。

システマティックな開発方法が確立されたことで、ラインナップは再び充実。2009年現在、41〜70フィートに6艇種のコンバーチブルと36フィートクラス1艇種のエクスプレスが用意されています。

従来どおりの定評ある航走能力を持ち、スタイリングやインテリアは、イタリアンデザインに米国人デザイナーの味付け。今のバートラムは、ボートの国際開発を体現しています。

BERTRAM YACHTS
http://www.bertram.com/

011

バーチウッド
BIRCHWOOD

U.K. ● イギリス

いかにも英国らしいクルーザーを建造する中堅ビルダーであった同社ですが、1980年代の終わりには、世界的な好況に合わせるように規模を拡大します。しかし、その後の不況で一時生産停止。現在は小規模なビルダーとして活動中。

■1959年創設

バーチウッドが創設されたのは1959年。以来、現在に至るまで、クルージングボートを建造してきたビルダーです。

1970年代には、すでに20フィート代前半から30フィート台半ばくらいまでのクルーザーでラインナップを構築しており、大きなビルダーではないものの、英国のボートビルディング界において、ある程度の知名度を得たビルダーのひとつになっていました。

特に1970年代の初めにラインナップされた、22フィートクラスの小型クルーザーは、なかなかのヒット作となったようで、それに続く25フィートクラス、さらにその後登場する33フィートモデルとともに、同社の基盤を築いたモデルといえるでしょう。

バーチウッドのモデルは、舷側の半ばくらいに明確なナックルラインを備えるのが特徴のひとつ。その形状は、1970年代にラインナップされていたモデルでもすでに見られ、現在まで続く同社のアイデンティティのひとつとなっています。現代的なFRP製ハルでは、航走面においても、構造面においても、特別な役割を果たすとは思えない造作ですが、同社のモデルのスタイリング上の個性を形成する大きな要素となっていることも確かです。

■経営の変化

1980年代の終わりには、世界的にボートの大型化、高級化が進んだこともあって、同社のモデルも、より大きく、より高級なものとなります。

もともと、英国のボートビルディング界では、中堅程度に位置していた同社ですが、生産量も増え、また、サイズも大きくなったため、当然、会社の規模も拡大。50フィート台半ばのモデルをフラッグシップとし、200人を超える従業員を抱え、海外へも積極的に輸出されるようになります。

ただ、1990年代に入って、世界的な経済情勢の悪化が深刻化したことにより、ボートビジネスの世界も不況へ突入。ちょうど生産規模を拡大しつつあったバーチウッドは、いくつかのボートビルダーがそうであったように、経済活動の収縮に対応しきれず、1993年に活動を休止。1996年に新しい出資者を得てボートビルディングを再開するものの、その後は規模を縮小。現在は、出資者であるポール・ウェイグスタッフ（Paut Wagstaff）やアーニー・ヴィック（Ernie Vick）によって経営が行われています。

＊

2003年には、同社がエジプトのビルダー向けにハルをOEM生産するという発表がありました。一時期の同社からすれば、地味な企業活動というべきですが、再建のための、実質重視の方策のひとつでした。

現在のバーチウッドは、そのラインナップが32〜41フィートクラスに3モデル4タイプという小規模なビルダーとなっています。しかし、ラインナップは、以前のものとは異なるイメージの、新たにデビューしたモデルだけで構成されており、まったく新しいビルダーに生まれ変わろうとしていることを感じさせます。

ラインナップでは唯一のフライブリッジ仕様艇、Birchwood 390

2009年現在のラインナップでは最大艇となっているBirchwood 410

BIRCHWOOD MARINE INTERNATIONAL
http://www.birchwood.co.uk/

012 ボストンホエラー
BOSTON WHALER

U.S.A. ● アメリカ

特徴的な不沈構造のユーティリティーボートから始まった同社は、
その技術をさらに発展させながら、ラインナップを拡大。
今や、世界で最も知名度の高い小型艇ビルダーのひとつになりました。

■ディック・フィッシャー

ボストンホエラーは、1958年に13フィートクラスのユーティリティーボートをプロダクション化。ビルダーとしてのスタートを切ります。

創設者は1914年生まれのリチャード・フィッシャー（Richard Fisher）。米国においては、リチャードの愛称であるディック（Dick）を用いて、ディック・フィッシャーと呼ばれることが多いようです。

フィッシャーは、ハーバード大学卒業後、1938年にパートナーのボブ・ピアス（Bob Pierce）と二人で電気設備関係の会社を設立。当初は、フィッシャーの家の軒先に設けた工房で仕事をこなすような状況だったようですが、新しいアイデアと新技術を盛り込んだ製品によって会社は業績を伸ばし、1950年代には、ひと通りの成功を収めていたようです。この会社の成功を背景として、フィッシャーは、自身の興味と情熱のために時間と資金を費やすことができるようになったのですが、それがボストンホエラーというボートビルダーの設立だったわけです。

なお、フィッシャーとピアスの会社は、現在も「フィッシャー・ピアス・OLC（Fisher Pierce Outdoor Lighting Control）」という名で、マサチューセッツ州に存在しており、当時からその主力であった、自動調光スイッチなどを中心に、電気設備関係製品を生産しています。

■船型と構造の工夫

フィッシャーは、電気設備会社を興した頃から、ボートビルディングに対してもすでにアイデアを練っていたようです。木造艇が主流の時代ですから、もちろん素材は木ですが、彼が考えていた素材は、マホガニーでもシーダーでもなく、なんとバルサ材でした。

バルサ材でボートを建造すれば、もちろん画期的な軽量艇となりますが、やはり強度的には厳しいものがあります。そんな問題を解決してくれたのは、第2次世界大戦を経て実用化された、化学発泡素材と合成樹脂でした。

スタイロフォーム（化学発泡製品の商標）とエポキシ樹脂を使って、小型で平底のセイリング・ディンギーを建造したフィッシャーは、それを友人のボートデザイナーであるレイ・ハント（Ray Hunt）に示し、その構造に対する理解を求めるとともに、プロダクション艇の具体的なデザインを依頼します。

レイ・ハントは、後にディープV船型の発明者として世界中にその名を知られることになるボートデザイナーですが、フィッシャーの依頼に応えた最初のプロトタイプは、当時、「シースレッド（Sea Sled）」と呼ばれていた船型に似たものだったといいます。

1970年代に登場し、大ロングセラーとなった、17 Montauk

1961年の広告用に撮影されたとされる写真。乗員はディック・フィッシャー

32

シースレッドは、ビル・ヒックマン（Bill Hickman）というデザイナーが考え出した逆V字型の船型です。当時の一般的なV型船型を船首尾線で2つに割り、左右を入れ替えて結合したような形状で、前半はカタマラン、主な滑走面となる後半は浅い逆V字のモノハルというものでした。V型船型の凌波性と滑走効率の高さを両立しようとした船型でしたが、そのままではフィッシャーの求めるところに達しなかったため、徹底した改造が施されます。最終的に誕生した船型は、シースレッド船型を幅広にするとともに、逆V字型となっている中央部分にひと回り大きなV型船型を組み込んだようなスタイルで、船首側はカテドラル型となり、主滑走面となる船尾側はチャイン部分が張り出したコンベックスV型船型という、独特なものとなりました。

初期の13フィートモデル。写真は後年のものですが、基本はデビュー時と同様

Rageシリーズはウォータージェットを装備していました

1980年代、オフショア向きフィッシャーマンOutrageを追加

モントークの姉妹艇17 Newport。ファミリー向けのモデル

アウトレージとハルを共用するバウカディはRevenge

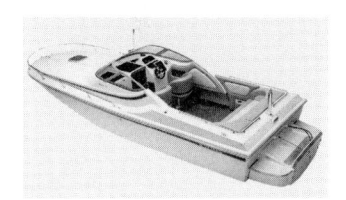

2500Temptationは異色のランナバウトタイプ

■不沈伝説の始まり

ボストンホエラー初のプロダクションボートは、船型以外にも特徴的な部分を持っていました。

ハルは外殻であるハル本体と、内張りを一体成型した内殻という、大きな2つのFRPパーツで構成され、それらは、まだメス型内にある状態で結合。内外殻の間には、発泡素材を隙間なく注入し、脱型時には発泡素材を心材とした、内張りまで一体成型の分厚いハルが完成しているという、生産性に優れた構造となりました。

また、化学発泡素材はそれ自体が大きな浮力をもっており、当然、このフネの浮力体としての役割も果たすことになります。その結果、この13フッターは、係留中の船内に水が溜まった状態でも、ドレインコックを抜けば、それ自体の浮力によって通常吃水位置まで浮き上がりつつ、内部の水がドレインポートから排出されてしまう、というボートでもありました。

ただ、当時は無名に近いボストンホエラーですから、画期的な構造や性能を持っていても、それが認められなかったようです。そこで、フィッシャーはインパクトの強い広告によって、ボストンホエラーというビルダーのボートを印象づけようと考えます。

「大きなノコギリで切断される小型艇。しかし、フネは沈むことなく、また、船上の紳士（ディック・フィッシャー自身）も、顔色を変えずに淡々と眼前の切断作業を見つめる」という有名な写真は、その広告のために撮影されたもので、これが1961年5月19日号の「ライフ」に掲載されたことにより、ボストンホエラーというビルダーとその不沈性能は、非常に多くの人々の認めるところとなります。現代に至る、不沈伝説の始まりでした。

■経営体制の変化

1969年、フィッシャーは55歳となり、実業界からの引退を考えて、ボストンホエラーを売却します。売却先は「CMLグループ（Consumer Marketing Lifestyles Group）」。ただ、彼はその後も1972年まで会社にとどまっていたようです。

CMLグループは1969年から1989年までの20年間、ボストンホエラーをその傘下に置いています。現代に通じる同社のイメージは、CMLグループ時代に形成されたといっていいでしょう。親会社とボストンホエラーの関係は、非常に良好だったといいます。

しかし、1989年、ボストンホエ

ラーは、突然、スポーツシューズメーカーの「リーボック(Reebok)」に売却されます。これは、ジェンマーインダストリーズ(Genmar Industries。現在のジェンマーホールディングス)が、ボストンホエラーを獲得するため、親会社であるCMLグループを丸ごと買収しようとしたことが発端。CMLグループとしては、ボストンホエラーを手放し、グループ全体を守るという、いわば苦渋の選択だったようです。

しかし、1990年の米国のラクシャリータックス(luxury tax=奢侈税)に端を発するボート不況もあり、自社で生産設備を維持しなければならないボートビルディングでは、(海外の下請けを使えるスポーツシューズなどに比べて)利幅が小さいという判断もあって、1993年、リーボックはボストンホエラーを売却。1994年からの新しいオーナーは、トーイングボートの「マスタークラフト(Mastercraft)」をその傘下に置く、メリディアン・スポーツ(Meridian Sport)となりました。

ところが、メリディアン・スポーツは、さらにボストンホエラーに変化を求め、工場も移転。ラインナップの改変はイメージの統一性を損ねたものとなり、売上げにも影響が出てきます。その結果、メリディアンはわずか2年でボストンホエラーを手放すこととなりました。

■ブランズウィックの傘下へ

短い間に経営体制が再三変化し、少々混乱の中にあったボストンホエラーを引き受けたのは、巨大ボートビルディング・コングロマリットであるブランズウィック(Brunswick)でした。同社は、1996年3月29日、ボストンホエラーを買収したことを発表。その後、現在に至るまで、ボストンホエラーは、ブランズウィック傘下のシーレイ・グループのビルダーです。

2007年現在のボストンホエラーは、明確なシリーズ分けがされ、それぞれのシリーズごとに統一されたイメージで仕上げられています。シリーズ名のいくつかは、初期の同社のラインナップに存在していたもので、「スポーツ(Sport)」のように、その創設時の13フッターに付けられていた名称をシリーズ名とするものもありますし、「モントーク(Montauk)」のように、1970年代からのロングセラーだったモデルの名称がシリーズ名となっているものもあります。

全体では、11フィートクラスから35フィートクラスまでをカバーする幅広いラインナップです。フィッシング向きのモデルが中心ではありますが、ユーティリティー系の小型モデル

マルチパーパス・センターコンソールDauntlessは1990年代に登場

デュアルコンソールのVenturaも1990年代に登場

かつてとは異なるハル形状ながら、現在も13フッターはラインナップされます

や、マルチパーパスを狙ったセンターコンソール、さらにデュアルコンソールのバウライダー的なものまで用意されており、なかなかバラエティにとんだラインナップでもあります。

*

ボストンホエラーのデザインは、CMLグループ時代のボブ・ドーティ(Bob Dougherty)と、その後のピーター・ランカー(Peter Lancker)で異なりますし、現行モデルは、すべてシーレイ・グループの巨大な開発システムの中で誕生したものです。

しかし、その不沈性や、フォーム充填によるハル構造などは、当初のものとまったく同じではないものの、基本は、ずっと変わっていません。それこそがボストンホエラーの最も重要なアイデンティティなのでしょう。

創設50周年に向けた2008年モデル345 Conquest

BOSTON WHALER
http://www.bostonwhaler.com/

013

カボ
CABO

U.S.A. ● アメリカ

1991年にその初号艇が誕生した、まだ若いブランド。
ごく短期間で急成長をとげ、有名ビルダーの仲間入りを果たし、
現在は、32～52フィートクラスに12モデルをラインナップ。

創設者のヘンリー・モーシュラット（左）とマイク・ハワース（右）

■最初の35フッター

カボ（Cabo）というブランドのボートが登場したのは1991年。最初のモデルは、35フィートクラスのコンバーチブル「カボ35フライブリッジ・スポーツフィッシャー（Cabo 35 Flybridge Sportfisher）」で、特に目立ったところの無い、どちらかというとオーソドックスなモデルでした。強いていえば、船上のレール類がアルミではなく、すべてステンレスであったり、バウレールがデッキハウスの後部まで続く、いわゆる「ウエストコースト・スタイル」であったりと、当時の西海岸ビルダーのモデルらしい造作を備えていることが、特徴といえる程度です。なお「スポーツフィッシャー」というモデル名称も、同種のモデルの本場である東海岸のビルダーではあまり用いられないもので、後に、カボ自身もこのモデルを単に「35フライブリッジ」と呼ぶことになります。

■創設者とポリシー

創設者は、ヘンリー・モーシュラット（Henry Mohrschladt）とマイク・ハワース（Mike Howarth）。彼らは、セーリングクルーザーの「パシフィック・シークラフト（Pacific Seacraft）の創設者であり、1988年までその経営者でもあった人たちです。

パシフィック・シークラフトのセールボートは、トラディショナルな、いわば「地味なモデル」です。しかし、丁寧に仕上げられた一連のクルーザーは、同社の品質に対する考え方を示すものであり、それを高く評価する人も少なくなかったのです。

モーシュラットとハワースは、それと同じことをカボでも行いました。モデルそのものは、オーソドックスなものでしたが、仕上げは非常に丁寧。品質を重視するというポリシーを細かい造作にまで反映したフネ造りこそが、彼らのカボ35フライブリッジの最大の特徴だったのです。

前述したように、一部の造作は、いかにもそのモデルが西海岸を本拠とするビルダーであることを示すものでしたが、カボの名声が「全国区」になるとともにそれらはあらためられ、より一般的なものとなります。

■そのデザイナー

カボは、1994年に35フライブリッジのハルを用いた「35エクスプレス」を、1995年には、ひと回り小型の「31エクスプレス」をラインナップに加え、さらに1997年には、同種のモデルとしては比較的大きな「45エクスプレス」を登場させて、それ以降も順調に発展を続けます。2009年現在の同社は、32～52フィートクラスに7モデルのエクスプレスと、35～48フィートクラスに5モデルのフライブリッジをラインナップする、本格的なスポーツフィッシングボート・ビルダーです。

同社のラインナップにおいては、そのプロダクションのデザイナ

最初期の35 Flybridge Sportfisher。バウレール形状に注目

かつてのものまで含めると、カボの最小モデルとなる31 Express

35フィートのハルを用いて、上部構造をエクスプレスとした35 Express

ーが多様であるというのが、ひとつの特徴といえるかもしれません。

最初のモデルとなった35のデザイナーは、セールボートなどでもお馴染みのビル・クリーロック（Bill Clealock）。これは、創設者であるモーシュラットとハワースがパシフィック・シークラフト時代にセールボートの設計を依頼していた縁ですが、その後の31と45エクスプレスではルイス・コデガ（Louis Codega）が起用されており、1999年に行なった、35フィートハルの全面的な設計変更も、オリジナルを設計したクリーロックではなく、彼が担当しています。

また、2003年の40エクスプレスと2007年の32エクスプレスは、高速艇からメガヨットまで、あらゆる艇種を手がけるマイケル・ピータース（Michael Peters）ですし、2002年の43フライブリッジは、バートラムでその腕をふるってきたデイブ・ネイピア（Dave Napia）の設計です。

欧米の多くのビルダーでは、現在でこそ、CADのデータによるデザイン資産の継承などが一般化していますが、もともとは、同じデザイナーがずっとそのラインナップやシリーズを担当することで、ビルダーのアイデンティティを確立するというのが、いわば定石のようなものでした。異なるデザイナーのモデルが混じるカボのラインナップは、かなり珍しい例といえるでしょう。ただ、そうやって積極的に異なるデザイナーの設計を取り入れることは、プロダクションのマンネリ化を避けることにもなるわけで、それもまた、同社が短期間で大きく発展した理由のひとつなのかもしれません。

■経営の変化

カボの最初のモデルである35フライブリッジが登場したのは、前述したように1991年。米国においては、1990年のラクシュアリータックス（luxury tax＝奢侈税）に端を発するボート不況が顕著化してきた時期です。しかも高品質にこだわっていただけに、同社のモデルは、同種、同クラスの他ビルダーのものよりも高い価格設定でしたが、それでも、カボは短期間でカリフォルニア州の経済アウォードを受けるくらいの急成長を続けます。

順風満帆のカボの経営に大きな変化が起こったのは、2006年の2月16日。この日、米国の大手スポーツ用品コングロマリットである、巨大なボートビルダーグループを抱えるブランズウィックが、突然、カボを買収したと発表します。

カボは、すでにブランズウィックの傘下にあった、ハトラス（Hatteras）を中心とする「ハトラス・コレクション（The Hatteras Collection）」と名づけられたグループに組み込まれ、同じく、すでに同グループ内にあったアルベマーレ（Albemarle）とハトラスの中間クラスを担うビルダーと位置づけられることになります。

当時のブランズウィックのニュースリリースによれば、モーシュラットもハワースも、そのまま同社の経営を続けるとされていたのですが、そのわずか1年後の2007年2月5日、ブランズウィックの他部門から、オースチン・ロスバード（Austin Rothbard）が社長として着任、2人の創設者は同時にカボを退職します。

時代の移り変わりは、ボートビルダーを変えます。カボは今、その変化の時なのかもしれません。

48 Flybridgeは、2007年ラインナップの最大クラスのコンバーチブル

31フィートモデルの後継艇種である32 Express。2007年登場

52 Expressは、2009年ラインナップのフラッグシップ

CABO YACHTS
http://www.caboyachts.com/

キャンピオン
CAMPION

Canada ● カナダ

カナダ、ブリティッシュコロンビア州内陸部のビルダー。
同国のFRPプロダクションボートビルダー中、最大規模といわれ、
世界各国にディーラーを持つ、輸出企業でもあります。

■創設は1972年

　キャンピオンマリンは、カナダの西海岸、ブリティッシュコロンビア州内陸部の都市、ケロウナ(Kelowna)に本拠を置くビルダーです。ケロウナはオカナガン湖(Okanagan Lake)に面した、人口10万人ほどの都市。カナダ東海岸の中心都市であるバンクーバーから、東に400kmくらいのところにあります。

　なお、社名であり、ブランド名でもある「キャンピオン」は、ナデシコ科センノウ(仙翁)属やマンテマ属の数種の植物(花)の総称。同社のマークも、その種の花をモチーフにしているように見えます。

　同社が誕生したのは1972年。それ以来、他のボートビルダーやグループの傘下にはなっておらず、現在も経営的には独立したビルダーです。

　インターネット上のカナダの経済情報サイトによると、2007年現在、同社の授業員数は約200名、主要な生産施設の面積は約5,600m²。年間1,400艇以上のモデルが建造され、具体的なパーセンテージは不明ですが、そのかなりの部分が輸出にも回されているようです。隣国であり、モーターボートの巨大市場である米国はもちろん、地中海方面やスカンディナビアの国々、オーストラリア、さらにはロシアなどもその輸出リストには記されており、輸出相手は26カ国を数えます。

■ラインナップ

　同社のラインナップは、16～30フィートクラスの全22モデル。その中で、全幅が米国のトレーラブル標準値である2.59m(8フィート6インチ)を超えるものは、わずかに3モデルしかありません。それらも、一般的な輸送に際しては、通常のトラックやトレーラーで陸上輸送が可能なサイズです。基本的には、小型ボートビルダーといっていいでしょう。

　キャンピオンのラインナップは、「アランテ(Allante)」、「エクスプローラー(Explorer)」、「チェイス(Chase)」と名づけられた、3つのシリーズに分かれています。

　アランテは、いわゆるファミリーボートのシリーズ。トップ・オブ・ザ・ラインは、30フィートクラスのエクスプレスクルーザーで、ほかにはクローズドバウのランナバウトやバウライダーがラインナップされます。スタンドライブのモデルが中心ですが、小さなクラスには船外機仕様のものもあります。

　一方、エクスプローラーはフィッシングボートのシリーズ。センターコンソール、ウォークアラウンドといった一般的なモデルに加え、このビルダーの地域性を感じさせる、大型のハードトップを装備したものやパイロットハウス型のものもあります。

　なお、もうひとつのチェイスは、パフォーマンスボートや、トーイングを考慮したバウライダーのシリーズ。前述の2つとは、若干趣が違います。

＊

　特定の分野に特化していないビルダーは少なくなりました。同社は、そんな状況の中で成功している珍しい総合ビルダーの例かもしれません。

ラインナップの最大艇、Allantte 925iMC。ファミリー向けエクスプレスです

大型のハードトップを装備するフィッシングモデル、Explorer 682iSC

Chase 800。同社は、パフォーマンスボートも自社で開発しています

CAMPION MARINE
http://www.campionboats.com/

015

カリビアン
CARIBBEAN

Australia ● オーストラリア

1958年創業といわれている、オーストラリアの老舗大手ビルダー。
そのアッパーレンジは、1970年代の米国のバートラムから得た
設計のノウハウが生かされたモデル群です。

かつてのBertram 28FBCをほぼそのまま再現したCaribbean 28FB

■老舗ビルダー

　オーストラリアのビクトリア州にその本拠を置く、インターナショナルマリンは、むしろそのブランドである「カリビアン」のほうがよく知られている存在といえるでしょう。同社の創業は1958年とのこと。すでに設立から半世紀を経た老舗ビルダーであり、また、その売上げが、オーストラリアの主要ビルダー中、ナンバー2、あるいはナンバー3といったあたりにある、大手でもあります。

　同社は、2009年現在、16フィートクラスの小型船外機艇から、47フィートクラスのコンバーチブルまでという、幅広いレンジと艇種をカバーする19モデルのラインナップを抱えています。小型フィッシングボート、ランナバウト、エクスプレスクルーザー、コンバーチブルと、そのプロダクションは多彩で、いわゆる総合ボートビルダーというべき存在です。

　最近のオーストラリア艇は、かつてのような、あっさりとした仕上げのものが少なくなりましたが、同社のラインナップには、まだまだシンプルなものが多くあります。このあたりは、50年以上も前からオーストラリアのボート市場にかかわってきた老舗のビルダーらしいところといえるでしょう。

■バートラムとの関係

　同社のアッパーレンジは、米国のバートラム（のかつてのモデル）にその範をとったと思われるモデル群で構成されており、日本における同社のイメージは、そのモデル群によるものといっていいかもしれません。

　資料によれば、このインターナショナルマリンの創設にかかわった人々の中に、米国のバートラムとリレーションシップを持つ人物がいたとのこと。そういう関係もあって、同社はかつてのバートラムのラインナップから、レイ・ハント（Ray Hunt）設計による35コンバーチブルと25FB、デイブ・ネイピア（Dave Napia）設計による28FBCをライセンス生産して、自社ラインナップに加えていたのです。また、そのハル形状やスタイリングなどについては、十分な研究がなされたようで、その他のクラスのモデルについても、かつてのバートラムを髣髴とさせるようなハル形状やスタイル、グラフィックスとなっています。

　なお、ライセンス生産モデルのうち、現行ラインナップに残っているのは、35コンバーチブルを原型とした35FBCと、25FBがベースの26FBCと26FBSFの3モデル。28FBCも最近までラインナップされていたのですが、現在はフェードアウトしています。

*

　かつて、多くのオーストラリア艇が備えていたある種のおおらかさのようなものが、カリビアンのラインナップからは、今も感じられます。

　多くのモデルのエクステリアやインテリアはそれほどモダンではありませんし、アコモデーションもシンプルな部類のものが多いようです。ただ、現代においては、むしろそういったところこそが、このブランドの存在感をきわだたせる、ある種の個性ともなっているようです。

INTERNATIONAL MARINE
http://www.caribbeanboats.com/

カロライナクラシック
CAROLINA CLASSIC

U.S.A. ● アメリカ

1990年代創設という、まだ誕生して20年に満たないビルダーながら、
ノースカロライナ流スポーツフィッシャーマンの伝統を継承。
完成度の高い本格派のモデルをラインナップ。

■1992年に設立

　カロライナクラシックと名づけられたビルダーが設立されたのは1992年。翌1993年のマイアミ国際ボートショーで発表された最初のモデルは、25フィートクラスの小型エクスプレスながら、本格派のオフショアフィッシャーマンとしての航走能力とアコモデーションを備えたモデルとして、市場から高い評価を得ることに成功。さらに翌年、1994年には、その拡大版というべき28フッターがラインナップに追加され、市場での評価はさらに高まることになります。

　創設者はマック・プリヴォット（Mac Privot）。彼は、もともとアルベマーレ（Albemarle）創設メンバーのひとりで、このカロライナクラシックを設立する直前まで、アルベマーレの主要スタッフだった人物です。

　そういったこともあってか、カロライナクラシックがその創設期にリリースした25と28は、当時のアルベマーレがラインナップしていた、265や27という同クラスのモデルによく似たディテールを備えていました。それぞれの全長や全幅が数インチしか違わないということもそうなのですが、ともにトランサムデッドライズ24度というピュアなディープVに近いハル形状であったこともまた、アルベマーレの265や27との共通点です。

　さらに、デビュー時、25と28にはジャックシャフト形式の駆動系が用意されていました。エンジンとトランサムのドライブユニットの間にプロペラシャフトを介在させ、エンジンをトランサムから離した、中間軸付きスターンドライブともいえるこの方式は、他に採用している量産スポーツフィッシングボートのビルダーがほとんどありません。アルベマーレとカロライナクラシックの近似性を象徴するところといえるでしょう。

■本格派エクスプレスSF

　2009年現在、ラインナップは25、28、32、35という、4モデルのエクスプレス・スポーツフィッシャーマンで構成されています。

　25と28は、ビルダー創設期にデビューしたものが継続してラインナップされており、基本的には、大きな変更を受けていません。

　ただし、当初、それらのモデルに標準、あるいはオプションとして設定されていた、ジャックシャフト形式の駆動システムについては、すでに廃止されているようで、スペックシートに記されているパワーユニットは、単に「コンベンショナル・インボード（conventional inboard=従来型インボード）」となっています。

　32と35は、新しい生産施設が完成した1997年以降にデビュー。いわば新しい世代のモデルで、35が1998年に、32が2004年に、それぞれラインナップに加わりました。

＊

　ノースカロライナのフィッシングボートビルダーらしいスタイリングやタフな走りを身につけたそのラインナップは、本格的なスポーツフィッシャーマンを求めるボートアングラーから少なからぬ支持を集めています。

ビルダー創設期からラインナップされているCarolina Classic 25

CAROLINA CLASSIC BOATS
http://www.carolinaclassicboats.com/

017 カロライナスキフ
CAROLINA SKIFF

U.S.A. ● アメリカ

その名のとおり、汎用小型艇の「スキフ」を建造するビルダー。
艇体の剛性と不沈性を確保する独自の構造を採用し、
近年は、従来の平底タイプに加え、V型船型のシリーズも充実。

■汎用平底艇

スキフ（skiff）というのは、静水面などで用いられていた、小型の平底汎用艇の総称的なもので、日本でいうところの、小型の汎用和船のような使われ方をするものと考えるのが適当でしょう。カロライナスキフも、もともとはそういったモデルからスタートしたビルダーです。

設立されたのは1980年代半ば。当初は、もっぱら実用性のみを重視した、矩形の平面形を持つスクエアバウ（square bow）の平底モデルのみ。標準艇体は完全なFRP一体成型のハルだけで、その状態では輸送に際して2艇以上を積み重ねてトラックなどに積載することもできるよう考えられており、建造にも、輸送にも、コストがかからないよう工夫されていました。

平底であり、デッキなども持たない完全なオープンボートであるため、そのままでは、ごく小型のモデルならばともかく、いくらかでもサイズが大きくなると、強度的にきびしいものがあります。これに対して、同社は、「ボックスビーム（box-beam）」と名づけた構造で対処しました。

これは、枕木状の発泡素材を1本ずつFRP巻きにして、それを船首尾線と直角に船底に敷き詰め、その上を船内床にするという手法。完成時には、ハルと一体化した、発泡素材の分厚い船底が出来上がるとともに、床と船底の間には、枕木状の発泡素材の幅ごとにFRPの隔壁が設けられることになります。これにより、艇体の横方向の剛性は格段に向上するわけです。また、大量の発泡素材を艇体と一体化しているため、不沈性も確保されます。

一方、縦方向の剛性は、横方向ほど高くはありません。しかし、船底にストレーキを設けたり、チャイン部分を面取りしたダブルチャインとしたりして、その剛性は可能な限り高められています。

■V型船型の増加

現在も、同社を代表するモデルは、従来からの平底にスクエアバウという組み合わせですが、最近は船底の一部、あるいは全部がV型のモデルや、それに伴って非スクエアバウの一般的な船首形状のモデルが増えています。

2009年現在のラインナップは、6シリーズで構成。平底にスクエアバウの組み合わせのものは、そのうちの2シリーズ。残りの4シリーズは、浅いデッドライズのものながらも、V型船型になっており、かつての汎用スキフのみの時代とは、少しずつそのラインナップのコンセプトが変わってきていることを感じさせます。

DLV198。このシリーズのハルは、当初からトランサムデッドライズ10度のV型

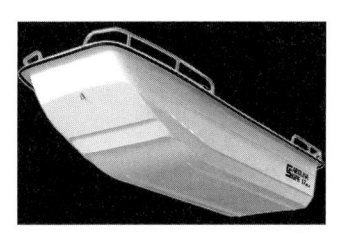

DLXシリーズの平底にスクエアバウの組み合わせは、カロライナスキフの原点

なお、現在のカロライナスキフ社は、ここでご紹介しているカロライナスキフのほかに、「シーチェイサー（Sea Chaser）」と名づけられた、一般的な小型スポーツフィッシングボートのシリーズもラインナップしています。

シーチェイサーシリーズは、カロライナスキフとは異なり、V型船型にFRP一体成型のフレームの組み合わせで建造されているモデル群で、カロライナスキフとは、船型も、構造も、まったく異なる別シリーズとなっています。

CAROLINA SKIFF
http://www.carolinaskiff.com/

カーバー
CARVER

U.S.A. ● アメリカ

半世紀以上の歴史を持つ、米国のクルージングモデル専門ビルダー。
木造時代から、独特なコンセプトのフネ造りを続け、
現在は、さらに高級志向の別ブランドも用意。

■小型木造艇でスタート

カーバーは、米国のボートビルダーの中でも、木造艇時代からその基本的な方向性をあまり変えずに成長してきた、クルージングモデル専門のビルダーのひとつです。

同社は、1954年、ウィスコンシン州のミルウォーキー（Milwaukee）で誕生しました。当初は、同時期に設立された多くの米国ビルダー同様、小型木造艇を建造する小さな造船所でした。

同社の存在が一躍注目されるようになったのは、設立3年目の1956年に発表された小型ランナバウトがきっかけ。特に「キャプテン15（Captain 15）」と名づけられたモデルは、多くのユーザーからの支持を受け、カーバーの名は、一気に広まります。

キャプテン15は、「タンデムコクピットタイプ（縦に2つのコクピットを並べたアレンジ）」と呼ばれるタイプです。多くの場合、このアレンジはもう少し大きなクラスに用いられるもので、このクラスのモデルにタンデムコクピットが採用された、かなり珍しい例といえるかもしれません。

このモデルは、スケグを備えたフラットV（flat vee＝船尾でほとんど船底が平らになるV型船型）で、チャイン部分は明確な稜線を持たないラウンドチャインです。当時、すでにハードチャイン型の小型艇は誕生していましたが、このモデルがあえてラウンドチャインとしていたのには、工法上の理由もあったようです。

このモデルは、木造艇ではありましたが、そのハルの外板は、「モールド・プライウッド（mold plywood）と呼ばれる成型物でした。これは、型によって曲げられた合板を用いて建造する工法です。合板は、高温高圧下で曲げられ、ハルの型に合わせて成型されることになるわけですが、特に強度が必要なところには、10層の合板が用いられたといいます。この工法もまた、同社のモデルが注目された理由のひとつだったようです。

1958年、会社の経営が安定したカーバーは、ミルウォーキーを離れ、同じウィスコンシン州のプラスキー（Pluski）に本拠を移転して、設備を拡張。翌1959年、同社としては、初めてのキャビン付きクルーザーをラインナップに加え、以降、クルーザービルダーとしての道を歩み始めることとなります。

■クルーザービルダーへ

1960年代に入ると、それまで同社のモデルの特徴のひとつであったモールド・プライウッドによるハルは、より一般的なクリンカービルト（clinker built＝いわゆる鎧張り）になります。ハルの建造方法としては、モールド・プライウッドのほうが合理的であり、また、大量生産にも向いた方法なのですが、あえてクリンカービルトとしたのは、より強力なパワーユニットを搭載した、

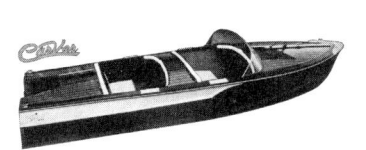

モールド・プライウッドで建造された、カーバー最初期のCaptain 15

現代までそのコンセプトが受け継がれている1975年モデルの33 Mariner

1960年ラインナップのフラッグシップ20' Cruiser

23 Montereyはトランクキャビン型のエクスプレスです

560 Voyager SEは、2009年現在、同社のトップ・オブ・ザ・ライン

より大きなモデルを建造するためだったといわれています。当時の技術や素材では、まだクルーザーと呼ばれるようなクラスのフネをモールド・プライウッドで建造するのは難しかったのです。

同社最初の人気モデルとなったキャプテン15は、15フィートクラスに30馬力の船外機という組み合わせでしたが、ハルがクリンカービルトとなった後の、1960年代半ばにラインナップされた16フッターには、90馬力のエンジンが搭載されていました。ほとんどフネの大きさが変わらないにもかかわらずパワーは3倍です。それに見合う強靭なハルが必要だったのです。

米国では36 Mariner、海外では360 Sport。現在、唯一のMarinerです

480 Motor Yacht。現在のアフトキャビンは、ずいぶんと洗練されました

1960年代の半ば、同社のクルーザーラインナップに登場した「モントレー（Monterey）」は、20フィート台前半のモデルでしたが、やがて同社の主力シリーズとなり、1970年代には30フィートを超えるクラスも登場。さらに、1970年代に入ると、FRP製のハルを用いた新バージョンになります。

モントレーは、当時のファミリークルーザーの典型的なスタイルである、トランクキャビン型のエクスプレスでしたが、カーバーのオリジナリティが現れたモデルとして注目すべきは、その後、モントレーのハルを流用して登場した「マリナー（Mariner）」でしょう。マリナーは、現在の同社のラインナップの「スポーツ（Sport）」シリーズの原型であり、カーバーの歴史を語る上で欠かせないモデル名なのですが、最近、同社が海外向けと米国内向けの名称を別個のものとした際、米国内向けにはその名称が残されたものの、残念なことに、海外向けの名称からは削除されてしまいました。

■ジェンマーの傘下に

1970年代の終わりから1980年代の前半にかけて、カーバーは現在に通じるラインナップの基礎を完成させます。前述したマリナー（後の海外向けの「スポーツ」）、ボイジャー（Voyager）など、現在までつながるシリーズ名称が使われるようになったのはこの時期ですし、アフトキャビンタイプのモーターヨットがラインナップに加わるのも1980年前後です。

マリナーやボイジャーは、1960年代のモントレーから発展してきたオリジナルモデルですが、アフトキャビンは、特に珍しいものではありません。そこで、カーバーが目をつけたのが、おそらくこの種のモデルとしては最小の30フィートクラスでした。後に、より大きなシリーズ艇も登場しますが、1990年代には、さらに小型の28フィートクラスのアフトキャビンモデルを登場させています。最小クラスのアフトキャビンは、一時期のカーバーの得意分野だったのかもしれません。

*

カーバーは1991年以来、米国の大手ボートビルディング・グループのひとつであるジェンマーインダストリーズ（Genmar Industries。現在のジェンマーホールディングス）の傘下となります。グループへの参画直後は、やや混乱もあったようですが、現在は、個性的なモデルとオーソドックスなモデルをバランスよく配した、30フィート台半ばから50フィート台半ばのラインナップを構成しています。

なお同社は、近年、カーバーとは別に、完全な独立ブランドとして「マーキー（Marquis）」を設立。より高級なモーターヨットという位置づけで、新しいビジネスを展開しています。

CARVER YACHTS
http://www.carveryachts.com/

センチュリー
CENTURY

U.S.A. ● アメリカ

1920年代に設立された、米国の老舗ビルダー。
創設以来、何回か主力となる艇種に変化があり、
現在は、小型フィッシングボート専門ビルダーと目される存在に。

■設立は1920年代

センチュリーは、米国の小型ボートビルダーの中で、最も古くからあるもののひとつといわれています。

設立は1926年。小型のスキフなどを建造するビルダーだったようですが、1930年代には、まだ黎明期にあった船外機を搭載するモデルを建造。1937年には「ハリケーン(Hurricane)」と名づけられたモデルで、50.93mph(約44.25ノット)という、当時の船外機艇の速度記録を樹立したといわれています。当時の船外機の性能からすると、画期的な速度といえるでしょう。

第2次世界大戦においては、約3,600艇ものボートを軍用モデルとして供給。当時の小型艇ビルダーの中で、それだけの生産能力を持ったところは限られていたはずで、このビルダーが設立から十数年の間に、急速な発展を遂げていたことが分かります。

同社は、1930年代の速度記録などからも分かるように、スポーツボートを得意としていたところ。第2次大戦前後はそういったモデルが多かったようです。特に、1950年代のランナバウト、「コロナド(Coronado)」シリーズは、同社の記念碑的なモデルとして、現在もクラシックボート市場でときおり見かけます。なかなかの人気艇だったようです。

■主力艇種の変遷

1960年代に入ると、センチュリーは総合ボートビルダーとして、さまざまなモデルを建造するようになります。その中には、45フィートクラスのモーターヨットなども含まれていたようですから、当時のプロダクションモデルとしては、かなり大きなクラスまで、建造していたことになります。

1983年、同社が現在も本拠を置く、フロリダ州のパナマシティ(Panama City)に新しい生産施設を完成。トーナメント仕様の水上スキー用トーイングボートなども建造し、それが米国での公認トーイングボートとして活躍していた時期もありました。また、この時期から、同社はエクスプレスクルーザーを中心とした、ファミリークルーザー市場に注力。当初は30フィートクラス程度までだったラインナップですが、1987年に、同じ米国のグラスストリーム(Glasstream)社の傘下に入るとともに、さらにラインナップを拡大。36フィートクラスもそのラインナップに加わります。

しかし、1990年代に入ったところで始まったボート不況は、センチュリーにも深刻な打撃を与えます。1993年から1995年にかけて同社の経営はかなり苦しい状態だったようで、主力をファミリー向けモデルからフィッシングボートに変更するなど、ラインナップの変化もあり

1928年の広告に掲載されたKidというレーサータイプのモデル

1980年の主力だったファミリー向けのエクスプレス300 Grande

3200 Center Consoleは現行ラインナップ最大艇のひとつ

ました。最終的には、1995年に米国ヤマハが同社とコビア(Cobia)をグループ化して、「C&Cマニュファクチャリング」というビルダーを形成しますが、2005年、コビアは他社に売却されます。

現在のセンチュリーは、センターコンソールがそのラインナップの主力。米国ヤマハ傘下のビルダーの中心的な存在となっています。

CENTURY BOAT
http://www.centuryboats.com/

020

シャパラル
CHAPARRAL

U.S.A. ● アメリカ

FRP製品を製作する企業から派生。
小型スターンドライブ艇の市場では、全米第3位の実力を備える、
ファミリーランナバウトや小型クルーザーの専門ビルダー。

最初期のシグネチャーシリーズ最小モデル、1982年発表のSignature 23

■1965年設立

シャパラルは、1965年、バック・ペグ（William "Buck" Pegg）と彼のパートナーであるジェームス・レーン（James Lane）によって設立されたビルダーです。

ペグは、フロリダで過ごした少年時代にボーティングの楽しみに接し、その後、父親とともにFRP製品を製作する会社で働くようになります。シャパラルというビルダーは、どうやらそのFRP製品を製作する事業を背景として設立されたようです。

最初のモデルは、15フィートクラスの「トライハル（tri-hull）」だったといいます。当時、小型ボートのハルとして流行していた、トリマラン風のモデルです。創設者のペグは、当初からFRPという素材についてのノウハウを持っていましたから、当然のように、このモデルもFRP製でした。

シャパラルがボートビルディングを開始したのは、フロリダのフォートローダーデールでしたが、1976年に本社と生産施設をジョージア州のナッシュビル（Nashville）に移転します。その際、土地や施設にはかなりの余裕を持たせていたようで、その後の同社の急速な発展と規模の拡大に対しても、問題なく対応できたようです。

■マリンプロダクツ・グループ

シャパラルの認知度を高め、また現在に至る同社の発展のきっかけとなったのは、1980年代に発表された「シグネチャー（Signature）」シリーズであったといわれています。

それ以前から、スポーティーなランナバウトやエクスプレスクルーザーをラインナップしていた同社ですが、そのクルーザーラインナップに統一性を持たせて、ひとつのシリーズにまとめたのが、シグネチャーでした。

当時は、最大でも27フィートクラスでしたし、現代のモデルに比べれば洗練の度合いは低かったのですが、ゲルコートで塗り分けられたカラフルなハルや、しっかりとしたアコモデーションは、女性を中心としたファミリーユーザーなどから、強い支持を受けたようです。

シグネチャーは、その後、同社の主力シリーズとひとつとなり、2009年現在も25〜35フィートクラスに7モデルのシリーズ艇がラインナップされています。

シグネチャーシリーズの発表と前後して、シャパラルは会社経営上も大きな転換期を迎えます。

それまで完全な独立経営であった同社でしたが、1986年、「PRCエナジーサービス」という会社の資

1990年代を代表するモデルのひとつSignature 28(29)。ロングセラーでした

44

金的なバックアップを受け、会社組織を変更。同社の傘下となります。ただ、これは米国のボートビジネスの世界で一般的な、単純な企業買収とは少し違うニュアンスでした。

シャパラルはPRCエナジーの傘下となりましたが、その際、新たに「マリンプロダクツ社（Marine Products Corp.＝MPX）」というマリン関係企業が設立されており、後に同社はそちらの主要ブランドに位置づけられることになっていました。また、それまでシャパラルを経営してきた創設者のバック・ペグやジェームス・レーンは、そのMPXの経営に携わるというかたちで、実質的なシャパラルの経営は、彼らによって引き続き行われることになります。

2001年1月、シャパラルは正式にMPXのブランドのひとつとなり、組織変更を完了。ちょうどシャパラルの体制作りを終えた同年の7月には、当時ブランズウィックの傘下にありながら、グループ全体の経営事情から生産停止寸前となっていた、フィッシングボートビルダーのロバロ（Robalo）をその傘下に収め、MPXは2ブランド体制で現在に至ります。

■米国市場で第3位

少し古い資料ですが、MPXが発表している2003年の統計によると、米国ボート市場における19〜35フィートクラスのスターンドライブ艇のブランド別販売実績は、そのトップ100モデル中8.7％がシャパラルなのだそうです。これは、ベイライナーの16.4％、シーレイの14.5％に次ぐ、第3位の数値です。

米国において、19〜35フィート

大型バウライダーのような形状のSunesta 284は、シリーズの最大艇

現行ラインナップの最小モデルとなるランナバウトSSi 180

ボルボ・ペンタのIPSを搭載するPremiere 400は、現行ラインナップの最大艇です

Sunesta Xtremeは、ウェークボード専用シリーズ

クラスのスターンドライブモデルというと、そのほとんどはランナバウトやエクスプレスクルーザーですから、これはほぼそのまま米国におけるファミリーボートのブランドの勢力図であるといって差し支えないでしょう。

ベイライナーもシーレイも、ともにブランズウィックという巨大コングロマリットの一員であり、そのグループ全体の企業力は桁違いですし、それにともなう販売力もまた、とてつもなく強力なものです。

そういった2ブランドに次いでの第3位ですから、少なくともファミリーボート市場におけるシャパラルというビルダーの実力は、相当なものということができるでしょう。

ナッシュビルの生産施設は、その敷地面積が約230,673m²、工場部分だけで約89,793m²もあります。また、R&D（Research and Development＝研究開発）部門に対して6,038m²が割かれており、新艇開発に対する能力もしっかりと備えているようです。

従業員は6,000人以上。ディーラー数は160を超え、20以上の海外ディーラーとの取引を行っています。また、ISO9001（品質保証に関する国際認証の一種）についても、すでに2000年の時点で取得済みです。

＊

2009年現在の同社のラインナップは、前述した「シグネチャー」シリーズのクルーザーのほか、ランナバウトと小型エクスプレスの「SSi」シリーズ、デッキボートとも、大型バウライダーともとれるようなニュアンスの「SSX」シリーズ、さらに、「サンエスタ（Sunesta）」という新しいスタイルのバウライダーやウェークボード専用艇など、18〜40フィートクラス、全30モデルで構成されています。

ラインナップのすべてがスターンドライブ仕様となっており、パワーユニットはマークルーザー、ボルボ・ペンタ、どちらも選択可能。創設以来、独自のコンセプトに基づくボート造りを続けてきた、ファミリーボートビルダーです。

CHAPARRAL BOATS
http://www.chaparralboats.com/

021

クリスクラフト
CHRIS-CRAFT

U.S.A. ● アメリカ

米国のボートビルディング史を体現している古参ビルダー。
経営面で混乱した状態が続いていましたが、ここ数年でようやく安定。
ラインナップはまったく新しい世代のモデルに一新されています。

■米国最古のビルダー？

クリスクラフトは1世紀以上の歴史を持つビルダーであり、現在も活動を続けている米国ビルダーの中では、最古のもののひとつでしょう。

創設者のクリストファー・C・スミス（Christopher Columbus Smith）は、彼がまだ13歳であった1874年、最初のボートを建造します。それは、彼が住む、ミシガン州のアルゴナック（Algonac）という小さな町の近くを流れる川で遊ぶためのものだったようですが、スミスはその後もボートを造り続け、徐々にボート建造についての才能を発揮し始めます。

1881年、クリストファーは、兄のヘンリー（Henry Smith）とともに、仕事としての、ボートビルディングを開始します。そのときは「クリス・スミス・ボートビルディング」という、いわば個人商店のようなかたちだったのですが、これがクリスクラフトというボートビルダーの、実質的な起源になるのかもしれません。

スミス兄弟のボートビルディングは、1910年にスミス・ライアン・ボート＆エンジン社（Smith Ryan Boat & Engin Co.）をパートナーとして、本格的な事業化を行い、1922年にはビルダー名を「クリス・スミス ＆ サンズ ボート社（Chris Smith and Sons Boat Co.）」に、さら1924年には、それを「クリスクラフト（Chris-Craft）」に改めます。

■発展するクリスクラフト

社名を改める以前から、同社のボートは、評判がよかったようです。1910～1920年代、クリス・スミス（あるいはすでにクリスクラフト）の最高級モデルは、自動車王のヘンリ・フォード（Henry Frod）や、出版界の大立者であったウイリアム・ランドルフ・ハースト（William Randolph Hearst）などが購入しており、彼らは、資金提供なども含めた、パトロン的な役割も果してくれていたようです。

1920年代、クリスクラフトとなってからの同社は、高級モデルだけでなく、より求めやすいクラスのモデルも建造するようになります。彼

1953年の高級モーターヨット、Chris Craft 53

らの工場では、アッセンブリーライン上でボートを徐々に組み立てていくといった作業方法もとられており、それまでのボートビルディングに比べて、はるかに合理的な流れ作業が確立されつつあったようです。そういった手法で建造された「22カデット（22 Cadet）」というランナバウトは、当時の売れ筋艇となりました。

1920年代の終わりから始まった不況の時代は、クリスクラフトのセールスにも少なからぬ影響を及ぼしたようで、同社としては珍しい、ユーティリティーボートなども建造していましたが、やがて第2次世界大戦が始まると、クリスクラフトも軍需物資（軍用小型艇）の建造が事業の中心となります。しかし、それはそれで、ビジネス的には成功だったといえるでしょう。ちなみに、有名なノルマンディー上陸作戦で、最初にランディングしたのは、クリスクラフトの建造した上陸用舟艇だったという逸話が伝わっています。

短期間ながらクリスクラフト・ブランドの船外機もありました。1949年の広告

第2次大戦後の1950年代、クリスクラフトは、さらに事業を拡大。一時期は、短期間に150艇種以上の異なるモデルを登場させるなど、あらゆるボートシーンを席巻。高級クルーザーについても、当時のハリウッドスターなどが次々とユーザーになったことで、そのイメージはさらに向上。ユーザーリストには、ディーン・マーチン、キャサリン・ヘップバーン、フランク・シナトラ、エルビス・プレスリーなどが名を連ねていたといいます。

■変革と混乱の時代

それまでずっと個人所有だったクリスクラフトですが、1960年、同社はナショナル・オートモーティブ・ファイバー社（National Automotive Fiber Co.）に買収されます。

経営体制の変化はあったものの、クリスクラフトの事業はさらに発展。それまでマホガニーを用いてきた同社でしたが、徐々にFRPを取り入れ、その後の同社のラインナップの中核となる、「コマンダー（Commander）」シリーズの中〜大型モデルを発表。さらに、1960〜1970年代にかけて、当時としては最大級のプロダクション艇だった60フィートクラスのモーターヨットまでを擁する、幅広いラインナップを抱えるビルダーとなります。

ただ、1968年、同社は再び買収を受け、ハーバート・J・シーゲル（Herbert J. Siegel）が保有。さらに、1989年には、シーゲルから、ジョンソンやエビンルード船外機で知られるOMC（Outboard Marine Corp.）へ売却されます。ところが2000年になって、なんと親会社であるOMCそのものが倒産。クリスクラフトは、翌年、巨大ボートビルディング・コングロマリットのジェンマーインダストリーズ（Genmar Industries。現在のジェンマーホールディングス）に引き取られます。

■復活へ向けて

経営体制の再三の変化は、クリスクラフトのラインナップを混乱させ、その新艇開発能力を殺いでしまったようで、ジェンマーの傘下となった時点の同社は、すでにかつての輝きを失っていたというべきでしょう。

そんなクリスクラフトをジェンマーが引き受けた直後に買収したのは、現オーナーの「ステリカン社（Stellican Ltd.）」でした。

ステリカンは、英国に本拠を置く投資会社ですが、かつては、イタリアのリーバ（Riva）のオーナーだったこともある会社です。ボートビルディングに関して、まったくの素人というわけではありません。

ステリカンは、米国の伝説的なビルダーであるクリスクラフトを、それにふさわしいビルダーとなるよう、再生を図ります。

同社はラインナップを一新し、モダンとクラシックが入り混じった、まったく新しい、そして魅力的なシリーズを構築。2009年現在、20〜40フィートクラスに17艇を揃え、さらに45フィートのニューモデルの開発も続いています。

クリスクラフトは、混沌の時代を終え、再び、その100年の伝統を伝えるビルダーに戻ろうとしているところかもしれません。

現在のフラッグシップ、Roamer 40。Roamerの名称を復活させています

現行のCorsair 36。エクスプレスクルーザーと大型ランナバウトの中間モデル

現行ラインナップの最小艇、Lancer 20。美しいランナバウトです

Roamaer 74。1973年には、すでにFRP製74フッターを建造していました

CHRIS-CRAFT
http://www.chriscraftboats.com/

コバルト
COBALT

U.S.A. ● アメリカ

品質の良さについては、特に高い評価を受けており、
顧客満足度調査でも、常に上位にランクしているビルダー。
最近、47フィートクラスの大型エクスプレスをラインナップに追加。

■独立系ビルダー

　コバルトは、米国のカンサス州、人口2,900人ほどの小さな町、ニオウデシェイ(Neodesha)にあります。ブランド名は「コバルト」で、一般的には「コバルトボート」と呼ばれることが多く、それで十分通用するのですが、登記上の企業名としては、「ファイバーグラス・エンジニアリング社(Fibergrass Engineering Inc.)」が正式な名称のようです。

　同社は1968年にパック・セントクレア(Pack St. Clair)によって設立されました。最初は、同じカンサス州のチャヌート(Chanute)に「コバルトマリン社(Cobalt Marine Inc.)」として会社を立ち上げたようですが、その後、ニオウデシェイに移転するとともに、現在の社名とブランド名の使い方になったようです。

　同社は、設立以来、ずっと独立経営を行ってきたビルダーです。現在の従業員数は約750人とのことで、独立系ビルダーとしては大きなほうですが、数千人規模の独立系ビルダーが存在する米国ですから、巨大ビルダーというわけではありません。

■高品質なモデル

　コバルトのボートに対する評価は高く、特にその品質などにおいては、トップクラスと目されています。J・D・パワー&アソシエイツ(J.D. Power & Associates)による顧客満足度をはじめとした、市場調査などでは、必ず上位にランクされるビルダーであり、中古艇市場においても、しっかりとメインテナンスされた同社のモデルは、リセールバリューが高いようです。

　そういった高品質のボートを供給しているビルダーですから、その経営者に対する評価も高く、創設者であり、現在の同社を作り上げてきたセントクレア自身も、これまでさまざまなボート関連団体の代表を歴任。カンサス州のビジネスマンに対するアウォードなども受賞しています。NMMA(National Marine Manufacture Association＝米国マリン工業会)においては、その会長職の経験もあり、2001年にはボートビジネスにおけるその功績から、「NMMAの殿堂(Hall of Fame)」入りが決定しました。

　　　　　　＊

　コバルトは、これまでずっと小型のスターンドライブ艇のみを建造してきました。主力はランナバウトで、30フィート強のデイクルーザーが最大艇というラインナップです。それはまた、品質を重視する同社のポリシーでもあったわけですが、市場では、より大きなクラスのクルージングモデルを望む声が少なからずありました。

　そんなコバルトから、満を持して発表されたのが、46フィートと37フィートのエクスプレスクルーザーで、これらは、当初、「コバルトボート」とは別の「コバルトヨット」というブランドでの扱いでした。

　2009年現在のコバルトは、21〜46フィートクラスに15モデルをラインナップ。主力は30フィート以下のランナバウトですが、4モデルのエクスプレスクルーザーも擁しています。

1980年代のコバルトを代表するモデルのひとつCondure 243

現行ラインナップの中間的なクラスとなるCobalt 272

最新、最大のモデルとなる、コバルトヨットのCobalt 46

COBALT BOATS
(FIBERGLASS ENGINIEERING)
http://www.cobaltboats.com/

コビア
COBIA

U.S.A. ● アメリカ

1950年代の後半に設立されたビルダー。
一時期は、米国ヤマハ傘下のビルダーだった同社も、
現在は、独立したフィッシングボートビルダーに。

■小型フィッシングボート中心

コビアの設立は1950年代の後半。当初は、特に専門的な分野はなかったようですが、その当時の多くの小型艇ビルダー同様、20フィートに満たないクラスのユーティリティーボートやフィッシングボート、ランナバウト的なスポーツボートなどを建造していたようです。

同社は、その後、船外機仕様の小型フィッシングボートの分野のスペシャリティとなり、比較的シンプルながら、その分、コストが抑えられたモデルがラインナップの中核となります。ボートに、もっぱらフィッシングの「道具」としての側面を強く求めるタイプのボートアングラーには、なかなか好評だったようです。

同社のモデルは、小型でシンプルなものが多かっただけに、構造面での合理化には向いていたのですが、主なユーザーがシリアスなボートアングラーだったためか、それを外観や品質に対して、直接生かすような工夫はされていませんでした。

しかし、1995年、米国ヤマハが「センチュリー（Century）」とコビアを買収。両ビルダーを合わせて、その傘下に「C&Cマニュファクチャリング」というビルダーを作ります。それをきっかけに、コビアのモデルは品質面での向上が図られ、構造面においても、全FRP製のフレームと縦貫材による「シーテック（SeaTech）」システムによって、合理的な手法で生産されるようになります。

■C&Cからマーベリックへ

C&Cのブランドのひとつとなっていたコビアですが、2005年の3月、マーベリックボート（Maverick Boat）への売却が決まります。

当時の米国ヤマハのコメントによると、その主な理由はふたつ。ひとつは、C&Cマニュファクチャリングのふたつのブランドがともに好調だったため、もともとセンチュリーの工場であった生産施設が限界になりつつあること。そしてもうひとつは、センチュリーもコビアも、船外機仕様の小型フィッシングボートという同じ分野のラインナップが中心であるため、両立が難しくなってきた、ということでした。

マーベリックボートは、もともとベイボートなどを中心とした、複数のブランドを抱えるビルダーです。オフショアでのフィッシングも可能なモデルを持つコビアをそれに加えることで、ラインナップはより幅広いものになるわけです。

現在、コビアの本拠地の住所は、マーベリックボートのそれと同じになっています。

＊

コビアの2009年向けラインナップは、基本的に船外機仕様のフィッシングボートのみ。18フィートクラスから31フィートクラスの15艇種で構成され、中核となるのはセンターコンソールですが、ウォークアラウンドタイプやデュアルコンソールタイプも用意されています。

なお、すでに米国ヤマハの傘下を離れた同社ですが、パッケージされる船外機は、今もヤマハです。

1959年のMonte Carlo 17は、同社の最初期モデルのひとつ

1991〜1995年にラインナップされていた220WA。C&Cの傘下となる直前のモデル

現行フラッグシップの316CCは、C&C時代の基本設計です

COBIA BOATS
(MAVERICK BOAT)
http://www.cobiaboats.com/

コンテンダー
CONTENDER

U.S.A. ● アメリカ

パフォーマンス・フィッシャーマンの先駆というべきビルダーのひとつ。
そのラインナップは、単なる高速艇ではなく、
フィッシングにおける使い勝手も十分に考慮したもの。

1980年代半ばの最初期のモデル、25 Open

■パフォーマンス・フィッシャーマン

コンテンダーは、いわゆるパフォーマンス・フィッシャーマンと呼ばれるようなタイプの、高性能なスポーツフィッシングボートを専門に建造しているビルダーです。

この種のモデルは、パフォーマンスボートビルダーが、既存のパフォーマンスボートのハルにセンターコンソールなどの上部構造を載せ、ラインナップのバリエーション拡大を狙ったのが始まりです。当初は、必ずしもフィッシング専用というわけではなく、多目的スポーツボートというニュアンスで、パフォーマンスボートの一変種というような位置づけでした。しかし、やがて最初から高速スポーツフィッシングボートとしてこの種のモデルを建造するビルダーが現れます。

コンテンダーの場合も、設立当時から高速スポーツフィッシングボートと呼ばれるようなタイプだけを建造してきたビルダーのひとつです。設立されたのは1980年代の半ば。まだ若いビルダーですが、パフォーマンス・フィッシングボートという考え方が生まれたのがその頃ですから、むしろ、その種のモデルの先駆者的な立場といえるでしょう。

同社の1980年代のラインナップを見ると、現在と同じ、細身のディープV系のハルの35フィートクラスに、ディーゼルインボードを2基掛けにしたモデルなどもありましたが、1990年代に入ると、パワーユニットはもっぱら船外機のみとなります。

■細身のディープV

コンテンダーのモデルの設計は、同社の社長、ジョー・ネバー（Joe Nebber）自身の手に成るもので、どのモデルもトランサムデッドライズは24.5度。ピュアなディープVをベースにしながらも、現代的なボートらしい特性を得るため、若干のモディファイがあります。

また、細身であることは確かですが、オフショアレーサーやそれに近い形状のパフォーマンスボートのように極端なものではなく、その全幅は、フネの大きさによって少しずつ異なります。たとえば、現行モデルの23フィート以下のクラスは8フィート3インチ（2.51m）ですが、その上級モデルとなる25フィートクラスでは8フィート10インチ（2.69m）です。

パフォーマンスボートの上部構造を変更しただけのモデルではなく、当初からフィッシングボートとして設計されているコンテンダーですから、そのハルは、高速航走中の特性のみを重視するわけにはいかないでしょうし、フィッシングスペースの広さなどにも配慮が必要です。大きなクラスでは、ファイティングチェアの設置も十分に可能な設計です。

*

コンテンダーは、いわゆる「ハードコアな」ボートアングラーのためのフィッシングボートです。子供たちが夏休みの間くらいは家族サービスに使おうか、という気にさせるタイプのフィッシングボートではありません。そして、それこそが、このビルダーの目指すボートの姿なのです。

現行モデルの25 Sport。かつての25 Openとの明確な違いは船尾周り

最新の38 Expressは、ヤマハF350の3基掛けが前提

CONTENDER BOATS
http://www.contender.com/

クランキ
CRANCHI

Italy ● イタリア

1世紀以上の歴史を誇る、イタリアの名門ビルダーのひとつ。
エクスプレスクルーザーを中核とした、
スポーティーなクルージングモデルがラインナップの中心。

■創設は19世紀

クランキは、コモ湖畔を発祥の地とする、一世紀以上の歴史を持つイタリアの老舗ビルダーのひとつです。

同社の創設は1870年とされており、その広告などにも「Since 1870（創業1870年）」という文言が入ります。しかし、この1870年というのは、どうやら正式に企業としての登記がなされた年号のことのようで、実際には、その数年前から、すでに北イタリアのコモ湖畔で事業がなされていたようです。同社の資料にも、1866年に創設者のジョバンニ・クランキ（Giovanni Cranchi）がワークショップを開設した旨、記されています。

1932年、同じジョバンニの名を持つ、初代の孫にあたる人物がシップヤードを移転して拡張、さらに第2次世界大戦後の1952年には、木造艇の「量産化」を始めています。

素材をFRPにしたのは1970年。4世代目のアルド・クランキ（Aldo Cranchi）が生産施設を一新し、近代化を果たしてからということになるようですが、そこで建造された5～6mクラスの小型艇シリーズがその後の6年間に1,500艇以上を売り上げるヒット作となり、一躍、クランキはイタリアの小型ボート界で注目されるビルダーになります。さらに1973年からはセールボートも建造。こちらは、その後、比較的短期間でラインナップから消えますが、それでも5年間で500艇を建造したといいますから、なかなかの人気艇だったのでしょう。

以降、1980～1990年代にかけて、会社の規模は拡大し、生産施設も充実。1990年代の終わりには、専用の水面を持つテストセンターも作られます。

■スポーティーなモデル中心

21世紀に入っても、同社の業績は好調を持続。それまでの3カ所の工場とテストセンターに加えて、2005年には100,000m²の敷地を持つ新工場も完成。それまでの小～中型クラスに加えて、そこで生産される50フィートを超えるクラスもラインナップされるようになります。

現在の同社は、すでに個人所有の会社ではなくなっていますが、それでも、経営陣や主要株主は、創設以来、同社を経営してきたクランキ家の5世代目を中心とする親族となっており、安定した状態が続いているようです。

また、1970年代、素材のFRP化を初めとした近代化と事業の拡大を実行し、現在の同社の直接的な基盤を構築した先代の経営者であるアルド・クランキは、現在もなお、デザイナーとして優れた手腕を発揮しているようで、2009年向けのニューモデルとして登場した

1970年に登場した、最初期のFRPモデルのひとつ、Italcabin

現行ラインナップの最小艇CSL 27。独特な形状のウインドシールドが特徴

ラインナップ最大艇のひとつ、Mediterranee 50HT

ばかりの最新艇を含め、そのラインナップのすべてハルは、彼の設計によるものとなっています。

＊

2009年向けのラインナップは、50フィートクラスをフラッグシップとして、27フィートクラスまで23モデル。3モデルのフライブリッジを除くと、ほかはすべてエクスプレスクルーザー。流行のハードトップ付き大型エクスプレスなども用意され、スポーティーなモデルが中心となっています。

CANTIERE NAUTICO CRANCHI
http://www.cranchi.it/

026

クラウンライン
CROWNLINE

U.S.A. ● アメリカ

1990年に設立された、まだ若いビルダーながら、
完成度の高いランナバウトや小型エクスプレスクルーザーを提供し、
短期間で、米国ビルダー界の中堅どころと目される存在に。

■短期間で急成長

米国ビルダーの中でも、非常に短期間で大きく成長したビルダーとして注目される存在のひとつが、このクラウンラインです。

会社の設立は1990年。最初のプロダクションである18フィートクラスのバウライダーを発表したのが、翌1991年でした。

当初は、多くの米国ビルダーがそうであったように、同社もイリノイ州ウィッティングトン（Whittington）で小型艇を建造する小さなビルダーだったのですが、その後、現在もその本拠を置く、同じイリノイ州のウェスト・フランクフォート（West Frankfort）に移転するとともに、その規模を拡大。創設から4年後の1994年には、10モデルをラインナップするビルダーに成長します。

クラウンラインは、クラクストン家のファミリービジネスの一環として創設されたブランドです。資料によれば、創設者（のひとり）であるフレッド・クラクストン（Fred Claxton）は、どうやらそれ以前にも他ビルダーで25年ほどボートビルディングを経験してきたようで、また、クラクストン家そのものも、ボートビルディングを行っていた家柄だったようですから、まったくの素人が、ある日突然、ボートビルディングを始めたのとは、少々事情が異なります。同社が短期間で成長したことについては、こういったことも無関係ではなかったでしょう。

現在の同社は、550名の従業員を抱える、準大手といえるような存在です。ビジネス関連の資料によると、現在の社長は、ジェームズ・クラクストン（James Claxton）。現在も、他からの資本的な介入を受けない、個人経営のビルダーとなっています。

■ファミリー向けラインナップ

クラウンラインの2009年向けラインナップは、18フィートクラスのバウライダーから34フィートクラスのエクスプレスクルーザーまで28モデル。中核は32フィートクラスまで15モデルが揃えられたバウライダーです。

性能的にも、また、スタイリングなどにおいても、突出したモデルは見られませんが、そういったことも含めて、ファミリー向けのラインナップとしては、バランスのとれた構成といえるのではないでしょうか。

ライバルの多いファミリーボート市場ですが、同社のモデルは、その造りの良さなどに対する評価が高いようです。顧客満足度調査などでは、第一位こそ逃していますが、ほとんど毎年、いくつかの分野で上位にありますし、「トラブルの少なさ」といった特定の調査項目においては、トップにランキングされていたりもします。

*

同社のボートの場合、吃水下に2重のビニレステル系樹脂層を設けるなど、先進的な面がある一方、意外に保守的な部分もあり、その構造材は現在も合板製のグリッド・ストリンガーです。ただ、その品質や工作精度には自信があるようで、ハルには生涯品質保証が付きます。こういったことも、同社のモデルが高く評価される理由のひとつなのかもしれません。

同社創設期にラインナップされた、最初期モデル182 BR

2008年向けに登場したバウライダー300 LS。さらに大型の320 LSもあります

フラッグシップの340 CRは、典型的なファミリー向けエクスプレス

CROWNLINE BOATS
http://www.crownline.com/

クルーザーズ
CRUISERS

U.S.A. ● アメリカ

米国の五大湖地方のボーティングを背景として誕生した、
その名のとおり、クルーザーを専門に建造するビルダー。
現在は50フィートを越えるエクスプレスクルーザーもラインナップ。

■老舗ビルダーから派生

　クルーザーズというビルダーが設立されたのは1953年ですが、これには、いわゆる「前史」が存在します。

　米国の小型ボート史には、必ずといっていいほど登場する「トンプソン・ブラザース（Thompson Bros.）」というビルダーがあります。同社は、1904年にピーター・トンプソン（Peter Thompson）を初めとした、4人のトンプソン兄弟によって創設され、手漕ぎボートから船外機仕様のランナバウトまで、主に小型の木造艇を建造していたビルダーです。

　1950年代の初め、トンプソン4兄弟の息子にあたる、2世代目のトンプソン兄弟や従兄弟たちは、それまでにトンプソンが建造してきたランナバウトなどよりも大きな、クルーザーのビルダーとなることを検討。1953年、トンプソンの子会社的な位置づけではありましたが、新しいビルダーを立ち上げます。それが、現在も同社の本拠が置かれている、ウィスコンシン州オコント（Oconto）の「クルーザーズ」でした。なお、クルーザーズでは1953年を創設年としていますが、準備段階を含めた会社設立年を1951年としている資料もあります。

　1953年に設立はされましたが、同社は、最初からオリジナルブランドのモデルを建造していたわけではありません。当初は、トンプソン・ブランドで市販されるモデルのOEM生産を行っていたのです。

　まず、同社が建造したのは、14フィートと16フィートのラップストレーク艇でしたが、これらは「トンプソン」ブランドで販売されています。また、会社設立の目的であったクルーザーの建造も、最初は「トンプソン」ブランドの19フィートクラスで、こちらは1954年のニューヨーク・ボートショーに出品されました。

■オリジナルモデル誕生

　クルーザーズがそのオリジナルブランドでボートを登場させたのは、1956年。ハルは、同社お得意のラップストレーク型となっていました。10馬力の船外機でプレーニングする「14マリナー（14 Mariner）」という最小クラスのランナバウトは、かなりの人気艇となったようですし、16フィートクラスの「16ホリデー（16 Holiday）」は、その後、他のクラスのモデルも加わり、シリーズ化されます。

　当時のクルーザーズは、1週間あたり60艇もの建造能力を持っていたようです（フネのサイズは不明ですが、おそらくは、当時の主力だった14〜16フィートクラスのランナバウトが基準でしょう）。1953年の創設時、20名ほどだった従業員数は、1956年に200名になっていたといいますから、いかに急速な成長だったかが分かります。

　その後も同社は規模の拡大を続け、1959〜1960年にかけては、な

1956年に登場した、最初の自社ブランドモデルのひとつ14 Mariner

同じハルで上部構造違いの2艇。1960年の17 Commander

1978年から1990年までラインナップされていた2980 Esprit

1980年代後半を代表するモデルのひとつ3270 Esprit

同社を代表するモデルのひとつ520 Express

んと3,000艇を出荷。1961年には従業員数が300名となり、ラインナップは14〜20フィートクラスに12モデルという、(木造艇主流の、当時の小型艇ビルダーとしては)かなり大きな規模のビルダーになります。

木造艇の時代における小型艇ビルダーとしては、ある意味、頂点を極めたともいえる同社ですが、1960年代に入ると、FRP製の小型艇が普及し始めることになり、木造艇に対する需要は、急速に落ち込んでいきます。

木造艇の量産で大きな成果を上げてきたクルーザーズでしたし、経営陣としては、さらにそれ以前から木造艇を建造してきたトンプソン家としてのプライドや伝統といったものもないわけではなかったでしょう。同社における素材のFRP化は、なかなか進まなかったようで、1960年代前半のラインナップは、基本的に木造艇で構成されていました。

しかし、1960年代も半ばになると、木造小型量産艇は市場でも徐々に受け入れられなくなり、クルーザーズの場合も、1965年にはその売上げが800艇以下に落ち込んでしまいます。そういった状況の中、ついに同社も素材を変更。1966年の終わりには、そのラインナップから、木造モデルが消え、すべてのモデルの素材がFRPに。また、それに伴って、ラインナップも一新されることになります。

■経営の変化

1971年、クルーザーズは、すでにその当時「ミロクラフト(Mirro Craft)」の名で小型アルミニウム艇を建造していた、ミロ・アルミニウム社(Mirro Aluminum Co.)に売却されます。ミロ・アルミニウム社は、クルーザーズを同社のマリン部門に据えますが、1980年には再び売却。クルーザーズは、そのマリン部門を統括していたこともある、T・J・ボガート(T. J. Bogart)の手に渡り、彼のもとで、現在のものに近いクラスや艇種の、その後の同社のイメージを確立するラインナップが構築されます。

なお、1970年代の終わりくらいからのクルーザーズは、すべて、名手ジム・ウィン(Jim Wynne)の設計となっています。彼のモデファイド・ディープVや、プロペラポケットを備えるインボード・ダイレクトドライブ艇などは、その航走感についても、高い評価を得ることになります。この時期のクルーザーズは、日本にも輸入されており、かなりの好評を博していました。

しかし、1990年代、経済の急激な失速のため、他の多くのビルダー同様、クルーザーズも経営が困難な状況となります。そんな同社の再生のきっかけは、1993年に現在の親会社である「KCSインターナショナル(KCS International)」の傘下となったことでしょう。

KCSインターナショナルは、クルーザーズとともにスポーツフィッシングボートの「ランページ(Rampage)」をその傘下に収めてグループを構成。合理的な経営とマーケティング展開で、ラインナップを再構築し、同社を再びクルージングボートの中堅どころへ押し上げることに成功しました。

＊

現在のクルーザーズは、30〜56フィートクラスに全11モデルのラインナップ。中核となるのはエクスプレスクルーザーですが、独特なコンセプトでまとめられたモーターヨットやセダンなども用意されています。

2008年向けラインナップの最小艇は300 CXi

特徴的なプロファイルの現行モデル415 Expres MY

CRUISERS YACHTS
http://www.cruisersyachts.com/

028

デイビス
DAVIS

U.S.A. ● アメリカ

木造コンバーチブルで、ビルダーとしての活動を開始。
創設者のバディ・デイビス自身はすでに同社を離れ、
現在は、アイラ・トロッキの経営するボートビルダー・グループの一員。

■木造からFRPへ

バディ・デイビス（Buddy Davis）が設立したビルダーで、ブランド名の「デイビス」は、いうまでもなく、彼のファミリーネーム。同社のトレードマークには「バディ・デイビス」というフルネームの入ったものもあります。しかし、バディ・デイビス自身はすでに同社を離れ、新たなビルダーの経営に携わっており、デイビスヨットとは無関係です。この状況にいたった経緯は、後述することにしましょう。

バディ・デイビスがボートの建造を始めたのは1973年。最初のモデルは、翌1974年に完成した、46フィートクラスのコンバーチブルでした。

すでにこのクラスのボートは、FRPで造られるのが普通でしたが、デイビスはあえて木造を選択。デイビスによれば、有名な木造艇ビルダーであるライボヴィッチ（Rybovich）のフネ造りを研究して、彼のボートを完成させたのだといいます。

「デイビス・ボートワークス（Davis Boat Works）」と称していたそのビルダーのモデルは、最初のモデルこそストリップ・プランキングでしたが、その後、コールドモールドを用いた、W.E.S.T.工法になります。

同社が最初のFRPモデルを建造したのは1986年。47フィートクラスのコンバーチブルです。このモデルは、多くのボートアングラーから高く評価され、さらに他のクラスのモデルもFRPで建造されるようになり、生産施設の拡張も行われます。

■経営の変革

1990年代に入ったところで始まった経済の失速は、デイビス・ボートワークスにも少なからぬ影響を与えました。その結果、1993年、同社はその後約1年半の間、生産を停止せざるを得ない状況に陥ります。

大幅にその規模を縮小したデイビス・ボートワークスは、セミカスタムモデルのビルダーとして生産を再開。オーナーからの直接受注によって希望にそったフネを建造する、小規模なビルダーとなります。

そんな同社の経営に変化があったのは2003年。病院経営で成功したアイラ・トロッキ（Dr. Ira Trocki）が同社を買収。同じく彼が経営権を手にした、「エッグハーバー（Egg Harbor）」や「トパーズ（Topaz）」などと併せて、ボートビルダーのグループを作ったのです。そして、バディ・デイビスは、このデイビス・ボートワークスの経営権を委譲するとともに同社を離れ、最初に述べたように、新しく自身のビルダーである「B&D」を立ち上げたのでした。

＊

現在の同社は「デイビスヨット」と呼ばれています。経営者は変わ

デイビスで建造された最初のFRP製モデル47 FBSFは、すでにフェードアウト

現行ラインナップの最小クラスとなる48 EXは、新しい設計

現行モデルの58 FBSFは、2000年デビュー。設計はバディ・デイビス

りましたが、前述したように「デイビス」や「バディ・デイビス」という商標も、従来どおり使われています。

現行ラインナップは、48〜70フィートのエクスプレスフィッシャーマンやコンバーチブル。ラインナップには、まったくのニューモデルもありますが、バディ・デイビスの設計したモデルも残っています。

DAVIS YACHTS
http://www.buddydavis.com/

029 ドラル
DORAL

Canada ● カナダ

ファミリー向けのクルーザーやランナバウトでラインナップを構成。
一時期は、経営面でかなりの混乱が見られたものの、現在は安定。
エクスプレスクルーザーを中心とした、魅力的なラインナップを展開。

■小型ボートでスタート

ドラルの設立は1972年。カナダの東海岸、米国境に近いケベック州グランメア(Grand Mare)がその発祥の地です。

15フィートほどの小型モデルが最初のプロダクションで、すぐに追加されたラインナップも、中核となっていたのは同クラス。最大艇でも18フィート弱というファミリーランナバウト・ビルダーでした。

他の多くのビルダー同様、ラインナップは少しずつ大型化され、20フィートを超えるクラスも加わりますが、やはりランナバウトだけではビジネスの規模も限られていたようです。そういったこともあり、1980年代に入ると、小型のファミリー向けクルーザーの建造も始めることになりました。

最初のクルーザーは22フィートクラスの小さなものでしたが、これがなかなか好評だったようで、一躍、同社はファミリークルーザー市場へも進出。1980年代末、同社はファミリーボートビルダーとして、(当時の)カナダで最大手のひとつに成長します。

1989年の同社のカタログには、15フィートクラスのバウライダーから30フィートクラスのエクスプレスクルーザーまで全12モデルが掲載されており、その仕上がりもかなり上質で、米国はもちろん、ヨーロッパ諸国への輸出も始まります。日本にも、ごく小数でしたが、この時期にドラルのモデルが輸入されています。

■混乱から安定へ

しかし、1990年ころから、北米のボート市場は、経済状況の悪化に加え、米国のラクシャリータックス(luxury tax＝奢侈税)の影響で一気に冷え込み、当然、カナダのビルダーも、その影響を受けることになります。

ドラルも例外ではなく、1992年には、その生産を停止せざるを得ない状況にまで追い込まれますが、翌1993年、同じカナダのケベック州にあるカドレット・マリン(Cadrette Marine)が同社の生産施設を引き受けるかたちで、生産を再開します。ところが、さらにその翌1994年には、カドレット・マリンがフランスのジャノー(Jeanneau)の傘下となったため、ドラルもジャノー・グループの一員となるものの、そのジャノーは、1995年にグループ・ベネトウ(Groupe Beneteau)に属するビルダーとなり、経営に関しては非常に混乱した状態が続きました。

そんなドラルが再び安定した状態になったのは、1996年にアーウィン・ゼッカ(Erwin Zecha)が同社を買収してからといえるでしょう。

＊

2009年現在のラインナップは、21～45フィートクラスまで12艇。ファミリーユースを前提とした、エクスプレスクルーザーとランナバウトで構成されていますが、米国のビルダーとは異なり、ランナバウトはバウライダーのみではなく、クローズドバウのモデルもかなりあります。

また、かつてカドレット・マリンが生産していた「サンダークラフト(Thunder Craft)」も、同社によって小数ながらシリーズ化され、近年までラインナップされていました。

1980年代半ばの人気艇Citationは26フッター

現行クルーザーとしては最小クラスのMonticelo

2008年ラインナップのフラッグシップは45フィートのAlegria

DORAL INTERNATIONAL
http://www.doralboat.com/

030 ダスキー
DUSKY

U.S.A. ● アメリカ

フラットボートやベイボートからオフショア向きのモデルまで、
幅広いラインナップを展開するフィッシングボート・ビルダー。
ユニークな1エンジン2プロペラ軸システムのモデルも用意。

■ファミリービジネス

ダスキーは、1967年、現在も同社を率いている、ラルフ・ブラウン（Raiph Brown）が興したビルダーです。彼は、夫人のパット（Pat Brown）と結婚すると同時にこのビルダーを設立、17フィートクラスのハルのモールドが唯一の財産という状態から、夫婦2人でボートビルディングを始めました。

同社は、当初から小型のスポーツフィッシング向けモデルを建造。1970年代には、すでに現在のモデルの原型といえるようなスタイルのものをラインナップしています。現在の同社のラインナップには、やや朴訥な印象を与えるようなものも少なからずありますが、そういったモデルの多くは、当時のラインナップの直系と言うべきものです。

■直販システムもあり

1980年代、ダスキーは独自のアウトブラケット・システムである「ダスキードライブ（Dusky Drive）」を開発。それ以降、ラインナップの主流は船外機仕様艇となっています。

1993年には、ラルフとパットの息子であるマイケル（Michael Brown）が事業に参画。マイケルはダスキードライブを改良し、操船性やパフォーマンスをさらに強化。現代的な小型スポーツフィッシャーマンに求められる性能面での進化を図ります。

同社は現在もブラウン家が経営権を持つファミリービジネスですが、フロリダ州のダニア・ビーチ（Dania Beach）に6,300m²を超える敷地の工場を構え、14～33フィートクラスに24モデルのラインナップを抱える中堅ビルダーとなっています。また、同社は、「ファクトリーダイレクト（Factory Direct）」と称して、ユーザーへの直販システムを採用しているビルダーでもあります。

ちなみに、「ダスキー（dusky）」という単語は、通常、「薄暗い」とか「陰鬱な」といったニュアンスで使われる形容詞ですが、同社のブランド名は、「ダスキーシャーク（Dusky Shark＝*Carcharhinus obscurus*。和名はドタブカ）」の意。その精悍さなどに着目した名称でしょう。

■ダスキードライブ仕様中心

同社のラインナップには、小型フィッシングボートとして考えられる、ほとんどのタイプが揃っています。メインとなるのは、前述したダスキードライブを装備し、高出力船外機を搭載したオフショア向きのモデルで、センターコンソールが中心ですが、ウォークアラウンドやセンターコンソールカディなども用意されています。

現在のフラッグシップは、ステップト・ハルを採用した33フィートクラス。この33フィートクラスには、ダスキードライブによる船外機仕様モデルのほかに、「ギアード・アップ・システム（Geared Up System）社」の1エンジン2プロペラ軸・トランスミッションを用いたディーゼル・スターンドライブ仕様も用意されており、そのほとんどが船外機仕様となる同種のフィッシングボートの中、異彩を放つモデルとして注目されています。

ラインナップの中心、Openシリーズの233XF

1エンジン2プロペラ軸の駆動系を備える33 Diesel

33 Dieselが搭載しているGeared Up System社のトランスミッション

DUSKY MARINE
http://www.dusky.com/

031 エッジウォーター
EDGEWATER

U.S.A. ● アメリカ

ボストンホエラーの開発を担当してきたボブ・ドーティーが
1990年代の初めに設立した、まだ若い小型艇ビルダー。
現行ラインナップは、高品質な14〜38フィートクラス。

「マーリン」時代の240CCは「エッジウォーター」ブランドでも継続生産

■最初は「マーリン」

現在、「エッジウォーター」のブランド名で知られている「エッジウォーター・パワーボート」の前身となるビルダーが創設されたのは1992年。創設者はボブ・ドーティー（Bob Dougherty）で、彼の息子であるスティーブン・ドーティー（Stephen Dougherty）もパートナーとして創設時のメンバーに名を連ねています。

最初にあえて「前身となる」という表現をしたのは、設立当時の同社が「エッジウォーター」という社名でも、また、ブランド名でもなかったからです。当初の社名は、創設者の名を冠した「ドーティーマリン（Dougherty Marine）」であり、ブランド名は「マーリン（Marlin）」でした。

この社名やブランド名は、その後、1995年まで用いられ、後述する経営体制の変化とともに、現在の「エッジウォーター」に改められています。

創設から3年の間にリリースされたものは、「マーリン」というブランド名であるため、現在の中古艇市場などでは、便宜的に「エッジウォーター／マーリン」と呼ばれたり、「ドーティーマリン・マーリン」と呼ばれたりすることが多いようです。これは、「マーリン」そのもの、あるいはそれを含むブランド名やモデル名のボートが少なからず存在するためで、それらとの混同を避けるためだと思われます。

また、後にそのブランド名が「エッジウォーター」に変更されたのも、同じフロリダ州内に、同社設立よりも以前から「マーリンヨット（Marlin Yachts）」というスポーツフィッシングボートのビルダーが存在していたからでしょう。個人事業に近い形態で始まったドーティーマリンの時代はともかく、その後、（これも後述するように）より大きな企業の傘下となった同社のブランドについては、商標権などにも細かい配慮が必要だったはずです。

■ボブ・ドーティー

創設者のボブ・ドーティーは、自身が設計を手がけるデザイナーでもあります。もともと、ボストンホエラーで設計を担当していたドーティーは、いわゆるインハウス・デザイナーであり、米国ボート史の表舞台に登場する、レイ・ハント（Ray Hunt）やジム・ウィン（Jim Wynne）のような、フリーランスの有名デザイナーではありませんが、彼の手に成る数々のボストンホエラーは、多くの小型艇の設計に影響を与えているはずです。

ドーティーがボストンホエラーに入社したのは1960年。ボストンホエラーの設立が1958年ですから、まだ会社ができて3年目のことです。

同社の最初の13フッターは、創設者のディック・フィッシャー（Richard "Dick" Fisher）がレイ・ハントとともに創出した、当時としては画期的な構造と船型を備えるものでした。しかし、それ以降の同社のモデルについては、そのほとんどに、なんらかのかたちでドーティーがかかわってきたといいます。

タフな本格派オフショアモデルとして注目を集めた、1996年の260CC

265EXは本格派のオフショアアングラーにも歓迎されるモデルでしょう

2008年ラインナップの最小艇145CC。小型のユーティリティーボートです

エクスプレスと名づけられてはいますが、ランナバウト的な雰囲気の205EX

2008年のフラッグシップ388CC。流行の高出力船外機3基掛け仕様です

　ボブ・ドーティーは、ボストンホエラーの発展期を支えてきた人物のひとりといえるでしょう。

　ボストンホエラーは、ディック・フィッシャーの個人経営から、やがてより大きな企業グループの傘下となり、さらに1980年代の末くらいから1990年代半ばにかけて、さまざまな理由で再三経営体制が変化します。ドーティーが同社を退社したのは1990年。ボストンホエラーが新しい親会社の傘下となった翌年でした。

　ドーティーが語ったこととして伝えられるところによると、彼は「ボストンホエラーでやり残したこと」を実現するため、前述したドーティーマリンを興し、後にエッジウォーターとなるマーリンシリーズを建造したのだといいます。

　同社の最初のモデルは18フッター。設立翌年向けの1993年ラインナップは2モデル。センターコンソールの「18CC」とデュアルコンソールの「18DC」でした。

　1994年にはさらに17フィートと21フィートのハルが加わり、艇種もセンターコンソールとデュアルコンソールに加えて、ウォークアラウンドが登場。1995年には、15フィートと24フィートを追加し、15フィートクラスから24フィートクラスに9モデルを数えるラインナップとなります。

　ただ、ドーティーがこのビルダーに直接かかわったのはこの1995年モデルまでで、同年、彼は会社を売却。新しいオーナーは大手セールメーカーの「ノースセール（North Sail）」でした。同社は、その傘下のグループ企業となり、以来、現在まで、経営体制は変わりません。

　前述したように、このビルダーのブランドは、当初「マーリン」でしたが、1996年向けのモデルから、「エッジウォーター」に変更されています。

■現在はセンターコンソール中心

　2009年現在のエッジウォーターのラインナップは、14フィートから38フィートまで、9クラスに13モデル。2モデルのエクスプレスと、2モデルのデュアルコンソール以外は、すべてセンターコンソールです。

　同社のモデルはすべて船外機仕様。パッケージエンジンは、通常、ヤマハの4ストロークが選択されることになります。フラッグシップの38フッターは、高出力船外機を3基掛けとしたセンターコンソールで、最近流行のパフォーマンスフィッシャーマンです。

　同社の場合、その創設期から、全体としては、フィッシングボートを中心としながらも、デュアルコンソールをラインナップするなど、ユーティリティーボート的な、あるいはファミリーボート的なニュアンスを加味したアレンジのモデルが混在するラインナップ構成でした。こういったニュアンスは、ドーティーが在籍していた頃のボストンホエラーのラインナップにも見られるもので、彼が狙っていた、小型ボートビルダーのラインナップのあり方のひとつだったのかもしれません。

＊

　全モデルがグリッドストリンガーとフォーム充填を組み合わせた構造で、高剛性と不沈性を確保。品質や仕上げに対する評価も高く、その人気は、まだまだ上昇しそうです。

EDGEWATER POWER BOATS
http://ewboats.com/

エッグハーバー
EGG HARBOR

U.S.A. ● アメリカ

1940年代に誕生した歴史あるビルダーですが、
その経営に関しては、順調であったと言い難いものでした。
現在は、アイラ・トロッキの資本傘下となっています。

■1946年設立

エッグハーバーの設立は1946年。創設者は、その後、ポストマリン（Post Marine）を設立するラッセル・ポスト（Russell Post）や、オーシャンヨット（Ocean Yachts）を設立するジャック・リーク（Jack Leek）の父、C・P・リークなどの4人でしたが、1950年代に入ったところで、C・P・リークが他の3人から経営権を買い取り、ペースメーカーヨット（Pacemaker Yachts）が吸収合併するかたちで、エッグハーバーはそのブランドのひとつになります。

その後、同社の経営権は、1965年にフクア・インダストリーズ（Fqua Industries）に移り、そのフクア・インダストリーズは、同社を10年ほど所有した後、さらにその経営権をミッション・マリン（Mission Marine）へ売却します。

エッグハーバーのラインナップは、設立当初こそ20フィート台でしたが、その後、大型化、高級化がはかられ、1960年代から1970年代にかけては、30～48フィートクラスのオフショア向きのクルージングモデルやフィッシングモデルを建造していました。

現在に至るエッグハーバーのアイデンティティが確立されたのは、その頃だったといえるでしょう。

■さらに再三の経営変化

1970年代は、米ドルの変動相場制移行やオイルショックなど、経済面での変革が相次ぎ、対応に失敗したミッション・マリンの経営は徐々に悪化。1979年にはついに倒産しますが、翌1980年、投資家グループがエッグハーバーの生産施設を買い取るかたちで操業を再開し、1988年には、その投資家グループの一員であったロバート・トレンクル（Robert Traenkle）が全株式を取得します。しかし、業績はいまひとつだったようで、1990年、同社は再び倒産してしまいます。

前回とほぼ同じ投資家グループ（ロバート・トレンクルを除く）による、新しい経営再建計画が裁判所で認められたのは1992年。それにより、一応、生産は再開されましたが、再建は遅々として進まず、1997年、結局、同社は生産停止に追い込まれます。

■アイラ・トロッキの資本傘下に

1999年、エッグハーバーは、投資家としても有名な形成外科医、アイラ・トロッキ（Dr. Ira Trocki）が資金を注入することで復活します。

アイラ・トロッキは、1990年代の終わりから2000年代の半ばにかけて、デイビス（Davis）、トパーズ（Topaz）、プレデター（Predator）といったボートビルダーを買収しており、特にグループの名前はありませんが、彼の資本傘下にひとつのボートビルダー・グループが形成されました。エッグハーバーもそのグループの一員となったわけです。

＊

エッグハーバーは伝統あるビルダーですが、それが経営の合理化を難しくしていたともいわれます。その経営体制が大きく変わった今後の同社に注目したいところです。

1971年製43 Convertible。最後の世代の木造エッグハーバーです

現行のラインナップの最大艇となる50 Super Yacht

同じグループのPredator 35も、現在は同社が建造しています

EGG HARBOR YACHTS
http://www.eggharboryachts.com/

033

エラン
ELAN

Slovenia ● スロベニア

旧ユーゴスラビア時代から国際的なシェアを持つ、
大手総合スポーツ用品コングロマリットのマリン部門。
小型艇の生産を2003年で打ち切り、主力をモーターヨットに移行。

■総合スポーツ用品ビジネス

エランは、旧ユーゴスラビア時代からのスポーツ用品コングロマリットで、現在は、スロベニアのベグニェ(Begunje)にその本拠を置きます。グループで扱う商品は、スポーツウェア、スキーやスノーボード、各種球技用品、さらに東ヨーロッパで盛んな器械体操関連用具やグライダーなど、多岐にわたっています。特に、同ブランドのスキーやスノーボードなどは、国際大会でも愛用する選手が多く、また、コンシューマー向けのモデルも市場で人気があるため、そのブランドそのものは、一般スポーツ愛好者にもよく知られたものといえるでしょう。そのエラングループのセール／モーターボート部門がエランマリンです。

なお、エランは、セーリングクルーザーの分野でも国際的なブランドとなっていますが、この項では、モーターボート、モーターヨット関連のことについてのみ記述します。

同社のボート関連事業は、1940年代の終わりに、小型の手漕ぎボートやカヌーなどから始まっています。ただ、おそらくこれは東ヨーロッパという地域性もあると思うのですが、競技への志向も強かったようで、フォアやエイトなどの競技用漕艇もかなり建造していたようです。

1950年代には、アウトドア愛好者向けのフォールディング・カヤックなども建造。その一方で、米国ディーラーからディンギーの大量注文などもあり、小型木造艇ビルダーとしての基盤が構築されていきました。

FRP製のボートを建造し始めたのは1962年。最初のモデルは、平静な湖水向きに設計された3.5mクラスの小型艇でした。このモデルは、初年度だけでスウェーデン向けに100艇が輸出され、以降しばらくの間、エランのボートは、スカンジナビア・スタイルで建造されることになります。

■現在はモーターヨット中心

1980年代から1990年代にかけて、エランはさまざまな小型艇をリリース。多目的スポーツボート的なニュアンスのセンターコンソールタイプを中心としたそれらのモデル群は、ヨーロッパを中心とした各国に輸出され、一時期は、日本にも輸入されていたことがあります。

ただ、小型艇の生産は2003年をもって打ち切られます。これは、モーターヨットビルダーとして、より大きなクラスのクルーザーによるラインナップの構築を進めるという、同社の新しいビジネス構想に基づくもので、その後、35フィートクラスと42フィートクラスのモデルをラインナップ。2008年末の時点では、それら2モデルに加えて、48フィートクラスの詳細が発表されており、近い将来、35、42、48の3クラスのモデルによるラインナップとなる予定です。

3モデルとも、現在、世界的に流行している、ハードトップ付きエクスプレスクルーザーで、デザインは、英国のトニー・カストロ(Tony Castro)が担当。造船施設は、隣国、クロアチアのオブロヴァッツ(Obrovac)に置かれています。

生産が打ち切られた旧ラインナップに属するセンターコンソール、20CC

最小モデルはElan Power 35。地中海スタイルのエクスプレスクルーザー

ニューモデルのElan Power 45。船内は3ステートルーム仕様も可能

ELAN MARINE
http://www.elan-marine.com/

034

エバーグレイズ
EVERGLADES

U.S.A. ● アメリカ

ボブ・ドーティーが彼の息子たちとともに設立。
当初から、独自の「RAMCAP工法」を駆使した高い技術力を示し、
現在もさらにその工法を発展させ続けている新進気鋭のビルダー。

◾ドーティー・ファミリー

　長年、ボストンホエラー(Boston Whaler)で、設計やエンジニアリングに携わり、その後、エッジウォーター(Edgewater)の創設者となったボブ・ドーティー(Bob Dougherty)が、2人の息子とともに設立した、スポーツフィッシングボートビルダーです。創設年は、1999年とされていますが、後述するように、それ以前からボートビルディングにかかわる活動が行われているため、これは「エバーグレイズ」というブランドの生まれた年、くらいに考えたほうがいいのかもしれません。

　ボブ・ドーティーと彼の息子のひとりであるスティーブン・ドーティー(Stephen Dougherty)がエッジウォーターを離れたのは1995年。その後、彼らは、スティーブンの兄にあたるボブ・ジュニア(Bob Dougherty, Jr.)を加え、ドーティー父子だけで経営する会社、「R・J・ドーティー＆アソシエイツ(R.J. Dougherty & Associates)」を興します。

　この会社は、当初、ボートそのものは建造していませんでしたが、ボブやスティーブンの持つボートビルディングに対するノウハウを生かすかたちで、まず、ボートのハードトップを作り始めます。

　同社のハードトップは、その工法に特徴がありました。「RMCAP (Rapid Mold Core Assembly Process)」と名づけられたそれは、クローズドモールドを用いたバキュームプロセスによる成型と、フォームコア構造を合体させたようなかたちのもので、ボストンホエラー以来、ボブ・ドーティーが研究を重ねてきた(そして、ボストンホエラーでは実現できなかった)手法のひとつだったようです。

◾そしてボートの建造へ

　同社が製作したハードトップを最初に採用したのは、スポーツフィッシングボートの中堅ビルダーである「プロライン(Pro-Line)」。全面ゲルコート仕上げの完全一体成型であり、しかもそれまで77kgあったものを45kgで仕上げることができるほど軽量なハードトップは大好評で、すぐに他のビルダーからも発注がきます。ハイドラスポーツ、ウェルクラフト、グラディホワイトといった、いわばメジャーなビルダーが顧客となり、さらには、ボストンホエラーからのオファーもあったということです。

　ハードトップでその技術の高さを示した彼らですが、目指すところは、やはりボートそのものを建造することにあったようです。ただ、RAMCAPを応用した最初のモデルは、彼ら自身のブランドではなく、エッジウォーターのために設計した14フィートクラスでした。

　　　　　＊

　現在のエバーグレイズは、35フィートクラスをトップ・オブ・ザ・ラインとし、オフショア向きのセンターコンソールとエクスプレスを合わせて13モデルをラインナップ。建造技術の先進性と品質の確かさを求めるファンに支えられ、堅実に成長を続けているようです。

2009年向けニューモデル、350EX。ヤマハF350の3基掛け

構造などが評価され、NMMAのイノベーション・アウォードを受賞した290 Pilot

高出力船外機の3基掛けを前提とした350CCは、センターコンソールの最大艇

EVERGLADES BOATS
(R.J. DOUGHERTY & ASSOCIATES)
http://www.evergladesboats.com/

035

フェアライン
FAIRLINE

U.K. ● イギリス

英国内陸部の小さな河川マリーナとしてスタートし、
40年間で英国有数の国際企業となったモーターヨットビルダー。
現在は70フィート超クラスまでプロダクション化。

■19フッターでのスタート

　フェアラインは、後にその創設者となるジャック・ニューイングトン（Jack Newington）が、1963年にイギリス内陸のアウンデル（Oundle）という小さな町の、これまたそれほど大きくないネネ川（Rever Nene）の堤防脇に「アウンデル・マリーナ」を設立したところから始まります。

　現在も、アウンデル・マリーナは存在しますが、マリーナが面しているネネ川を下って海まで行くことは、とても不可能と思える場所で、また、その付近のネネ川は、細く、浅瀬も多く、さらに閘門なども存在するため、このマリーナは、もっぱら河川におけるボーティングのための基地として機能した（そして現在も機能している）ことがよく分かります。

　1967年、ニューイングトンは19フィートクラスの小型クルージングボートを建造します。これが「フェアライン」という名の、初めてのプロダクションモデルでした。

　フェアライン19は、全長5.63m、全幅2.08mという小型の船外機仕様艇でしたが、デラックス、ウィークエンダー、フィッシャーマンという3タイプが用意されていました。いわゆるトランクキャビン型のモデルで、最も居住性の良いデラックスは、1.60mの室内高を確保し、ヘッドも個室タイプのヘッドコンパートメントを備えるなど、当時の小型クルーザーとしては、なかなかの出来栄えだったようです。

　このモデルは「リバークルーザー（River Cruiser）」と呼ばれていました。その名のとおり、河川をクルージングすることが目的のクルージングボートです。同社は、河川でボーティングを楽しむためのマリーナでもあったわけで、こういったフネからボートビルディングを開始したのは、ごく自然なことでした。

■成長の時代

　1971年、ジャック・ニューイングトン（Jack Newington）は、その息子のサム（Sam Newington）にフェアラインの経営を託します。この当時のフェアラインは、従業員がまだ14人しかいない小さなビルダーでしたが、コロンビア大学でMBAを取得していたサムは、ボー

最初期に建造されたFairline 19。これは最も居住性の良い「デラックス」

最初の19フッターのフィッシング向けモデル、19 Fisherman

29 Mirageは、ラインナップのサイズ拡大で誕生。1970年代のモデルと思われます

1985年に登場した、現在まで続くシリーズの最初のモデル、Targa 33

トビルディングの将来性と国際性を確信。1974年に建造された「ファントム（Phantom）32」は、そんなサムの新しい経営方針が反映されたモデルとなりました。

　ロープロファイルのフライブリッジというか、背の高いエクスプレスクルーザーというか、そういったスタイリングのファントム32は、非常に優れた居住性を持つクルーザーとして、高い評価を受けます。その後、この「ファントム」は、スポーティーなスタイルのファミリー向けフライブリッジセダン・シリーズとなり、現在まで続く、同社のラインナップの中核のひとつとなります。

　フェアラインのラインナップはさらに大型化が続き、1977年には40フッターを建造。会社の規模も拡大され、1979年には、従業員140人を抱えるビルダーに成長し

最新モデルのひとつ、Squadron 55。大きなフライブリッジが特徴

Squadron 74。このモデルをベースに全長を伸ばしたものが最大艇の「78」です

ます。1971年にサム・ニューイングトンが経営を引き継いだときには、従業員14人の会社でしたから、約8年の間に、10倍の規模にまでなったわけです。

1985年には、現在まで続くもうひとつの主力シリーズである「タルガ（Targa）」が誕生します。最初のモデルは「タルガ33」。スポーティーなスタイリングと優れた居住性の両立が図られた同モデルには、それほど派手さがなく、むしろ同種のクルーザーの中ではおとなしい雰囲気でしたが、それ以降しばらくの間、英国流エクスプレスクルーザーのベンチマークになったとさえいわれるくらい、バランスのとれたモデルでもありました。

さらに1991年には、世界的な不況の中、あえて62フィートクラスの大型プロダクション艇を発表。「スコードロン（Squadron）62」と名づけられたこのモデルは市場に受け入れられ、シリーズ化につながります。

■大手資本の傘下に

フェアラインを従業員14人の小さなビルダーから世界的なブランドに押し上げたサム・ニューイングトンは1996年に引退。その後を世界的な艤装品メーカーであるリューマー・マリン（Lewmar Marine）のマネージング・ディレクターを経験し、国際的なマリンビジネスに通じたディレク・カーター（Derek Carter）がCEOとして引き継ぎます。

翌1997年、フェアラインは基本的な経営体制を維持したまま、その株式をイギリスのマリン関連資本であり、傘下に「プリンセス（Princes）」なども擁する「レンウィック・グループ（Renwick Group）」に売却。同グループの傘下となることで、資金面での強化がなされた同社は、1998年に北米フェアライン（Fairline Boats of North America）を設立し、米国における拠点を構築。北米大陸における、本格的なセールスを開始。さらに

2002〜2003年には、新しい生産施設を構築し、当時のラインナップのフラッグシップとなる「スコードロン74」をデビューさせます。

2005年には、従業員数が1,100人、50フィートクラス以上の大型モデルを含むラインナップを年間300艇以上生産し、その生産モデルの95％を輸出する、大手ビルダーとなりました。当然、投資先としても非常に有望であるところから、英国の大手投資会社である「3iグループ」が同社を買収。それまでの親会社であったレンウィック・グループは、全株式を3iグループに売却したため、フェアラインは3iグループの傘下となります。

親会社は変わりましたが、CEOであるディレク・カーターはそのまま継続して同社を経営。フェアラインの実質的な経営方針などに変化はありませんでした。

*

フェアラインは、2007年で創設40周年を迎えました。

19フィートクラスの小さな河川向きクルーザーの建造から始まったフェアラインですが、それから40年以上を経た現在は、英国における経済関係アウォードを受賞したこともある、優秀な国際企業に成長しています。

2008年向けニューモデル、Targa 44。リトラクタブルトップが備わります

FAIRLINE BOATS
http://www.fairline.com/

036 フェレッティ

FERRETTI

Italy ● イタリア

フェレッティ・グループの中核であり、グループの母体でもある世界有数の規模のプロダクション・モーターヨットビルダー。現在は47〜88フィートクラスでラインナップを構築。

フラッグシップのFerretti 881 RPH。メガヨットに近い存在といえるでしょう

■セールボートで始まる

フェレッティヨットは、「フェレッティ」それ自体を含めて9つのブランドで構成される、フェレッティ・グループ(Ferretti Group)の中核であり、また、グループのそもそもの母体となったビルダーです。

フェレッティヨットが誕生したのは1968年。創設者は、ノルベルト(Norberto Ferretti)とアレッサンドロ(Alessandro Ferretti)のフェレッティ兄弟です。

最初のモデルはセーリングクルーザーでしたが、彼らはそれに引き続いて、10mクラスと12mクラスのモーターセーラーを建造。プロダクションモデルとして、1970年のジェノヴァ・ボートショーに出品します。

2モデルのモーターセーラーは好評でしたが、艇体の素材としてアフリカ産のイロコ材を用いたことは問題でした。イロコ材は、別名、アフリカン・チークなどと呼ばれるくらい対候性があり、腐朽菌に対する耐性も高いため、造船用材としても最適なのですが、いかんせん、プロダクション艇に使うには、高価過ぎるのです。そこで、彼らは素材を変更。次に建造されたモーターセーラー、「アルチュラ33(Altura 33)」から、フェレッティのモデルは、FRPで建造されることになります。

■モーターヨット

1970年代末、フェレッティはプレジャーボーティングがモーターヨットの時代になりつつあることを感じ、同社のラインナップを徐々にモーターヨットにシフトしていきます。最初のモーターヨットである「アルチュラ38(Altura 38)」は、快適でなおかつ安全であるという、その後の同社のモーターヨットの基本的なポリシーを実践したモデルだったといいます。

それまで同社の主力だったモーターセーラーは、1980年代に入ってもラインナップされ続けましたが、1986年をもって生産打ち切り。それ以降、同社のラインナップは、モーターヨットで占められることになります。

同社のモーターヨットは、スタイリングやインテリアなどに注目されるケースも多いのですが、そのハル形状や構造などにも、新しい考え方が盛り込まれています。

たとえば、FRPの積層中にケブラーの層を設ける手法などは、モーターヨット系のモデルの中でも他に先駆けてフェレッティが採用したもののひとつとのこと。それによって、得られた、より軽量かつ強靭な艇体もまた、フェレッティの特徴というべきものでしょう。

＊

フェレッティは、わずか創業40年にして、世界でもトップクラスのビルダーとなりました。2009年のフェレッティのラインナップは、47〜88フィートクラスに13モデルで、大型艇のみで構成されています。

さらに大きなモデルを建造することも可能と思われますが、そのあたりは、同じフェレッティ・グループ内にある、カスタムライン(Custom Line)やCRNなどの、メガヨットビルダーの仕事なのかもしれません。

FERRETTI YACHTS
http://www.ferretti-yachts.com/

フィヨルド
FJORD

Norway ● ノルウェー

かつてはスカンディナビア最大手と目されたフィヨルドも、
1990年代の方針転換により、そのシェアは小さなものになっていました。
しかし、今、同社はクルーザービルダーとしての復活を目ざします。

◾北欧の大手ビルダー

　フィヨルドは、ノルウェーのクルージングボートビルダー。かつては、日本にそのプロダクションが輸入され、かなりの人気ブランドとなっていたこともあります。

　同社のルーツは1960年代の初めに、ディンギーのような小型ボートを建造する、小さなビルダーだったようです。フィヨルドの資料によれば、初期のラインナップは、15フィートと17フィートのディンギーと、21フィートのクルーザーだったといいます。

　しかし、創設者のアルフ・リチャード・バーキー（Alf Richard Bjercke）は、ボートの建造だけでなく、それらを販売することについても才を発揮したようで、事業は比較的短期間で拡大され、1964年には、120人の従業員を抱えるビルダーに成長します。

　その後も、フィヨルドのモデルはヨーロッパを中心に各国へ輸出され、その生産規模も拡大。創設後、約10年となる1970年代の初めには、従業員数が700人を超え、4カ所の生産施設から72タイプものボートを出荷する大手ビルダーに成長します。ボートのサイズも当然のように大型化し、当時としては、最大級のFRPプレジャーボートとなる75フィートモデルの計画も具体化しつつあったといいます。

　しかし、多くのボートビルダーと同様、1973年のオイルショックはフィヨルドにも深刻な打撃を与えたようで、生産規模の縮小を余儀なくされます。同社が再びニューモデルを開発し、新しいラインナップを揃えて、ヨーロッパのマリンシーンにおける評価を取り戻すのは、1970年代も終わりに近づいた頃だったようです。

◾21世紀に新世代へ

　1980年代のフィヨルドのラインナップには、ファミリークルーザー向けのクルーザーなども多く、ウッドを多用した、いかにも北欧艇らしいインテリアなども好評でした。日本に同社のモデルが輸入されていたのも、1980年代が中心だったと思います。しかし、1990年代に入るくらいから、徐々にその主力は、より趣味性の高い（高級な）タイプのものにシフト。ファミリークルーザーのような、多くのユーザーに支持されるモデルは、ラインナップから外されてしまいました。

　ただ、同社の新しい戦略は、成功したとはいいがたく、かつてのクルージングボートビルダーとしての名声は、一旦、途絶えてしまったと言うべき状態になってしまいます。

　フィヨルドがより多くのユーザーに受け入れられるタイプのクルーザーを再び建造しようと、新しいプロジェクトをスタートさせたのは、2006年のこと。ドイツのセールボートビルダー「ハンスヨット（Hanse Yachts）」との提携をはかり、まったくの新設計による、斬新な40フッターをラインナップに加えるとともに、同モデルに続く新シリーズをラインナップの中核としていくことを発表。最終的には、21〜65フィートクラスのラインナップを構築する予定で、すでに36と44は開発が始まっていますが、まだ計画は緒についたばかりです。

1980年代末のDolphin 900。非常に完成度の高いファミリー向けクルーザーです

1990年代からラインナップされていたTerne 21。少々趣味性の高いモデルです

新たに開発されたFjord 40。スタイリングは斬新ですが、内容はファミリー向け

FJORD BOATS
http://www.fjordboats.com/

038

フォーミュラ
FORMULA

U.S.A. ● アメリカ

サンダーバードとフォーミュラという2つのビルダーをルーツとし、
1970年代の終わりに、現在の経営体制を確立。
それぞれのビルダーの血統が垣間見られるラインナップが特徴。

■2つのルーツ

　フォーミュラが設立されたのは1962年。創設者は、レーサー／デザイナーであり、また、数々のパフォーマンスボートビルダーの創設者としても知られている、有名なドン・アロノウ（Don Aronow）です。

　アロノウは、成功したビルダーをすかさず売却し、新しいビルダーを設立することを繰り返していましたが、フォーミュラも例外ではなく、1964年には、アライアンス・マシーン＆ファウンドリー（Alliance Machine & Foundry＝AM&F）に売却されています。

　一方、現在の社名であるサンダーバードは、もともと1956年にヴィック・ポーター（Vic Porter）と彼の家族によって設立されたビルダーの名で、フォーミュラがAM&Fに買収される以前の1961年に、すでに同社の傘下となっていました。サンダーバードとフォーミュラという2つのビルダーは、このAM&Fの傘下で融合することになります。

　1969年、サンダーバード／フォーミュラは、大手ボートビルディンググループのひとつであった、フクア・インダストリーズ（Fuqua Industries）によって買収されます。

■経営体制の変遷

　サンダーバードの創設者であったヴィック・ポーターは、同社を売却後、新たに「シグナ（Signa）」を立ち上げます。同社は順調に発展し、その業績に注目したフクア・インダストリーズは、1973年にシグナを同社の傘下に置くのですが、その際、ポーターが示した条件により、彼はサンダーバード／フォーミュラを含む、フクアの小型ボート部門の社長に就任。さらにその3年後の1976年、ポーターはサンダーバード／フォーミュラをフクア・インダストリーズから買収することに成功します。1961年にポーター自身が売却したサンダーバードは、サンダーバード／フォーミュラというかたちで、再び彼の手元に戻ったわけです。これ以来現在まで、サンダーバード／フォーミュラは、ポーター家によってその経営が続けられています。

　「サンダーバード」を社名とし、「フォーミュラ」をそのブランドとして用いるという現在のスタイルになったのは、ポーター家の経営になったあたりからのはずですが、現在でも、同社のモデルは「サンダーバード／フォーミュラ」という言い方で表現されることが少なくありません。

■ルーツの見えるラインナップ

　同社のラインナップは、その主力こそランナバウトやエクスプレスクルーザーですが、その一方、オフショアレーサーの血統を受け継ぐ

1980年代末を代表する26 PCは、日本に輸入されたこともあるモデルです

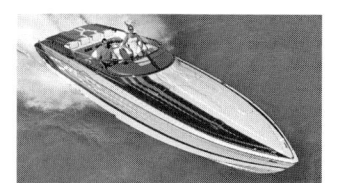

382 Fas3Tech。ラインナップにこの種のシリーズを持つ一般ビルダーは稀少です

2009年ラインナップのフラッグシップとなっている45 Yacht

本格的なパフォーマンスボートもシリーズ化されており、タイプの違う2つのビルダーをルーツとしていることをうかがわせるものとなっています。

　同社のようなラインナップ構成は、かつては珍しくありませんでしたが、パフォーマンスボートのほとんどが、専門ビルダーによって建造される現代においては、他に類を見ないものといえるでしょう。

Thunderbird Products
http://www.formulaboats.com/

039

フォーウィンズ
FOUR WINNS

U.S.A. ● アメリカ

もともとは1962年に設立された小型艇ビルダーを
ビル・ウィンズが買い取り、改めて新シリーズを構築したのがスタート。
現在は、ジェンマーグループの中核ビルダーのひとつ。

■4人のウィンズ

1962年、米国のミシガン州に「セイフ-T-メイト（Safe-T-Mate）」というビルダーが設立されました。セイフ-T-メイトは、小型FRPランナバウトなどを建造するビルダーとして、10年以上、活動を続けてきましたが、1975年、ビル・ウィンズ（Bill Winns）が同ビルダーを買い取り、あらためて、ウィンズ家のファミリービジネスとしてのボートビルディングを始めます。

ビルダー名が「フォーウィンズ」に改められたのはこのときですが、このビルダー名は、ビル・ウィンズと彼の3人の息子がボートビルディングに関わることになったところから、「4人のウィンズ」の意味でつけられたものだったとのこと。なお、実際に「フォーウィンズ」というブランドのボートが登場したのは、買収の翌年、1976年になってからです。

当初は、それまでのセイフ-T-メイトと同じ、小型ランナバウトなどを生産していたようですが、徐々にラインナップを拡大。経営は順調だったようで、デッキボートや小型のエクスプレスクルーザーなどもシリーズ化し、1980年代の半ばには、大手と呼ばれるビルダーのひとつに成長します。

■OMCからジェンマーの傘下に

1986年、当時、ジョンソンやエビンルードなどの船外機やOMCスターンドライブなどを生産していたOMC（Outboard Marine Corp.）がフォーウィンズを買収。同社は、OMC傘下のビルダーとなります。

1990年代に入ると、多くのビルダーが経験したように、フォーウィンズも不況の影響を受け、生産の縮小や人員整理など、さまざまな対策を余儀なくされます。ただ、同社の場合は、それでも上手くそれを乗り切ったほうで、1998年には、会社経営の安定を取り戻し、不況に入る前の状態までにまで戻すことができたようです。

ところが、2000年の暮れには、フォーウィンズを含むグループ全体の親会社であるOMCそのものが倒産。さすがにこれは影響が大きかったようで、3ヶ月ほどではありましたが、フォーウィンズはその生産を停止せざるを得ませんでした。

2001年3月、OMCの傘下にあったボートビルダーで有力なものは、大手ボートビルディング・コングロマリットのひとつ、ジェンマーインダストリーズ（Genmar Industries。現在のジェンマーホールディングス）傘下のグループに編入されました。フォーウィンズもそのひとつで、停止していた生産もそれとともに再開。その後は、グループの小型艇部門の中心として、施設の拡張などを行いながら、着実に成長を続けています。

＊

フォーウィンズは、もともとランナバウトやデッキボートなどをラインナップの中核としてきたビルダーであり、現在もラインナップの最多数派はバウライダーですが、近年は、ファミリー向けクルーザーの大型化にあわせて、より大きなモデルも建造するようになりました。フラッグシップは45フィートクラスのエクスプレスクルーザーです。

200 Horizon。これは1990年代末のモデルで、ほかにも同名の別世代モデルがあります

255 Vista。後に「265」と呼ばれるようになったこのモデルは、1980年代末にデビュー

ラインナップの最新にして最大のモデルとなる大型エクスプレス、V458

FOUR WINNS BOATS
http://www.fourwinns.com/

グレイシャーベイ
GLACIER BAY

U.S.A. ● アメリカ

「滑走しない高速艇」を目指した創設者の設計によるカタマランがルーツ。
1990年代には船外機仕様艇の長距離航走記録などにもチャレンジし、
独自の理論に基づくハルの航走能力をアピール。

■滑走しない高速艇

グレイシャーベイ・カタマランズ社は、その名のとおり、カタマランを専門に建造するビルダーです。同社は、その創設当時から変わらずにカタマランだけを建造しており、米国の小型艇ビルダーとしては、かなり珍しい例といえるでしょう。

グレイシャーベイの歴史は、その創設者であるラリー・グラフ（Larry Graf）の造った1艇のプロトタイプで始まります。

グラフは、小型艇の乗り心地を改善する方法のひとつとして、「滑走しない高速艇」を考えていました。揚力を発生させる滑走状態は、その分、船底からの「突き上げ」も多くなる、という考え方です。そして、それを実現する方法のひとつとして、彼は細長いハルを2本並べたカタマラン船型を選択。自身でハルを設計し、模型を作り、タンクテストまで行い、それで得られたデータを元に、ワシントン州にある自宅の脇で実際のフネの建造を開始したのが1986年でした。多くの資料で、グレイシャーベイの起源としているのはこの年です。

1987年、22フィートクラスのカタマランが完成。このモデルの質量は約1,000kg。テスト走行では、60馬力の船外機1基で19ノットほどの速度が得られたようです。このクラスのモデルの19ノットは、通常、滑走状態とみなされる速度域ですが、グラフのカタマランは、通常の滑走艇のように浮き上がって走るわけでも、また船首を持ち上げた航走状態になるわけでもなく、波浪中でも柔らかい乗り心地が保たれたそうです。

プロトタイプのテスト結果をもとに、グラフはさっそくプロダクションモデルを設計。24フィートクラスの「グレイシャーベイ248」と名づけられた同社初のプロダクションモデルが、1990年のシアトル国際ボートショーに出品されます。

■長距離航走にも挑戦

1993年には26フィートクラスと22フィートクラスのモデルをラインナップに追加。船外機はそれぞれのハルに1基ずつの2基掛けが標準となり、速度は30ノット台半ばが普通に出せるようになりました。また、1990年代の半ばから後半にかけて、同社は長距離航走記録に挑戦。船外機仕様のモデルとしてはそれまでになかった、600

27フィートクラスのハルを用いた279 Cuddy。写真はハードトップ付きタイプ

海里ノンストップ航走や、給油1回のみで1,200海里近くを走りきるといった記録を樹立しています。

21世紀に入ったところで、同社は多様なユーザーのニーズに応えるため、さまざまなタイプの上部構造のモデルをラインナップに追加。また、ハルについてもより大きなものが開発され、一時期は34フィートクラス（実全長は37フィート超）のモデルもラインナップされていました。

*

現在のラインナップは、23フィートと27フィートという2種類のハルに、さまざまなタイプの上部構造を組み合わせた9モデルで、すべてが船外機仕様となっています。30フィート超クラスはすでに存在せず、ややラインナップを縮小気味ですが、それが個性的であることには変わりありません。

23フィートクラスのハルにサイドコンソールという組み合わせの236 Side Console

Glacier Bay Catamarans
http://www.glacierbaycats.com/

041

グラストロン
GLASTRON

U.S.A. ● アメリカ

1950年代の創設当初から、FRP製モデルでラインナップを構築した、FRPモデルの先駆といえる老舗小型ボートビルダー。
現在も、クローズド・モールド工法などを積極的に採用。

■FRPボートの先駆

　グラストロンは、1956年、テキサス州のオースチン(Austin)に設立されたビルダーです。創設者は、ボブ・ハモンド(Robert "Bob" Hammond)と数人の仲間で、船外機を用いた小型ボートの建造からのスタートでした。

　ただ、同社は、その創設当初から、注目される存在だったといえるでしょう。なにしろ、まだ、多くのビルダーのモデルが木造艇だったこの時代に、いきなりFRPのプロダクションモデルを登場させたのです。

　創設者のボブ・ハモンドは、グラストロンを設立する数年前まで、マクドネル・ダグラス社(McDonnell Douglass＝現在はボーイング社の一部門となっている、当時の大手航空機メーカー)で、先進プラスチックス素材を扱う技術者でした。そして、ボートビルダーを興したそもそもの理由のひとつが、その素材の特性を生かすことだったといいます。

　グラストロンが創設翌年のモデルとしてラインナップした「ファイアフライト(Fire Flite)」は、当時の米国車に流行していたスタイリングを模したもので、それまでの木造モデルではとても表現できなかった、抑揚の強い曲線でまとめられていました。FRPという素材が生み出す自由な造形と、一体成型による生産性の高さは、グラストロンというビルダーを短期間で成長させるのに、大いに役立ったに違いありません。

■1960年代に発展

　1960年代に入ると、同社はより強力な航走能力を備えたディープV系のモデルを開発。また、市販されて間もないスターンドライブ・パワーユニットなども積極的に採用し、さらにそのラインナップを拡大します。

　1969年には、カリフォルニアのデザイナー／レーサーであった、アート・カールソン(Art Carlson)とリレーションシップを結び、「グラストロン・カールソン(Glastron-Carlson)」というパフォーマンスモデルをシリーズ化。同シリーズは、グラストロンのスタイリングやパフォーマンスを表わす象徴的なモデル群として、それ以降、1990年くらいまでラインナップされていました。

■ファミリーモデルが主力

　同社は、1987年に米国の大手マリン産業グループ、ジェンマーインダストリーズ(Genmar Industries。現在のジェンマーホールディングス)の傘下となり、後に同グループ内の「ラーソン」とともに、「ラーソン／グラストロンボート社(Larson/Glastron Boats Inc.)」を形成。「VEC(Virtual Engineered Composites)」と名づけられたCAD／CAMからクローズド・モールドによる一体成型までをシステム化した生産技術を導入するなど、その先進性は変わっていません。

　2009年現在のラインナップは、17〜27フィートクラスに21モデル。主力は、バウライダーや小型エクスプレスクルーザー、デッキボートなどのファミリーモデルです。

1957年にラインナップされたFire Flite。当時の米国車のスタイリングがモチーフ

Glastron-CarlsonのScimitar。こちらも当時の自動車的なスタイリング

GS289は、2009年ラインナップのフラッグシップ

Larson / Glastron Boats
http://www.glastron.com/

グラディホワイト
GRADY-WHITE

U.S.A. ● アメリカ

船外機仕様モデルのみで構成されたラインナップを抱える、
米国の小型フィッシングボート市場におけるトップブランドのひとつ。
1970年代に開発されたウォークアラウンドは、同種のモデルの先駆け。

1975年の204-C Hatteras。ウォークアラウンドの先駆的なモデルのひとつ

■1959年創設

グラディホワイトは1959年、グレン・グラディ（Glenn Grady）とドン・ホワイト（Don White）によって設立されました。いうまでもなく、ビルダー名はこの2人のファミリーネームからとったものです。

同社は、ノースカロライナの伝統的なボートビルディング手法を踏襲し、カロライナ流のフレアを備えたバウを持つ、ホワイトオーク製の小型ボートを建造します。スチームによる蒸し曲げフレームを用い、ラップストレーク・スタイルの外板を持つそのグラディホワイト製ボートは、仕上がりが美しく、しかも頑丈だったことから、一躍、人気モデルとなりました。

しかし、1960年代に入ると、小型艇の多くは、その素材をウッドからFRPに変更。メインテナンスが容易で品質も安定しており、しかも量産によってコストが抑えられたFRP艇は、急速にそのシェアを伸ばしていました。当然、グラディホワイトに対しても、ユーザーからはFRP製のモデルを求める声が多くなります。

グラディホワイトはこの変革に対して、抵抗を続けていました。たしかに、同社のモデルは完成度が高く、誕生したばかりの当時のFRP艇よりも優れた部分は多かったのでしょう。しかし、工業的な手法で量産される小型FRP艇に対して、職人の手造りで建造される木造のグラディホワイトのモデルが価格面で対抗するのは困難です。小型FRP艇が市場でそのシェアを拡大するのに反比例するかたちで同社のモデルの販売数は落ち込み、経営状態は悪化。最終的に、2人の創設者は、グラディホワイトというビルダーを売却することになります。

同社を引き受けたのは、エディ・スミス（Ediie Smith）でした。当時、スミスはまだ20代半ば。彼は、将来的に父親のエディ・スミス・シニア（Eddie Smith Sr.）が経営する繊維関係の会社を受け継ぐ立場にあったのですが、そこで新しい事業を立ち上げることを決意します。1968年、グラディホワイトはエディ・スミスが所有し、経営する会社となりました。

スミスは、このときすでに将来のボートビルディングに対するさまざまな可能性を考えていました。彼は、会社経営を引き継ぐにあたって、自身の構想を実現するためのプロジェクトチームとともにグラディホワイトへ乗り込み、改革に着手します。

■フィッシングモデルを中核に

スミスがグラディホワイトの経営者となって、最初に行ったのは、素材のFRP化でした。たしかに、同社の建造するボートは高品質でしたが、小型ボート市場の主流はウッドゥンボートからFRPボートに移りつつありましたし、そもそも、同社の経営悪化の原因もそこにあったわけですから、これは当然でしょう。

この素材の変更に大きな役割を果たしたのが、エンジニアのウィリー・コーベット（Wiley Corbett）でした。コーベットは、後にスミス

175 Spiritは、小型のセンターコンソール。1980年代のモデルとしては最小クラス

近年のラインナップではデュアルコンソールも用意。1980年代末の19 Tournament

同社を代表するウォークアラウンド。以前はアウトブラケット方式だった25 Sailfish

同社唯一のフライブリッジは、1980年代に短期間ラインナップされた26 Atlantic

かつてはラインナップのフラッグシップだった28 Marlin

短期間でしたが、ラインナップにはカタマランも存在しました。F-26 Tigercat

2009年現在の最小モデルは18フッターのセンターコンソール、Sportman 180

高出力船外機の多基掛けに対応した、最新のフラッグシップ、Express 360

がCEOとなった際、グラディホワイトの社長に就任する人物ですが、当時、彼の広範囲にわたるさまざまなエンジニアリングに対するノウハウが、現代に至る同社のプロダクションの基盤を構築したといわれています。

1970年代に入ると、グラディホワイトはそのプロダクションの中心を小型フィッシングボートに置くようになります。

これは、スミスとコーベットが、市場調査の一環として、自らボートフィッシングの世界を体験し、フィッシングボート市場の可能性を実感したことによるところが大きいのですが、どうやらスミスにはフィッシングの才能があったようで、その後、当時の有名なフィッシングトーナメントのひとつ、「マスターズ・セールフィッシング・トーナメント(The Masters Sailfishing Tournament)」へ招待されるほど、アングラーとしても高い評価を受けることになります。

そんなグラディホワイトのフィッシングボートが注目集めるきっかけとなったのは、1975年に発表した「ハトラス 204-C オーバーナイター(Hatteras 204-C Overnighter)」というウォークアラウンド艇でした。このモデルは、最初期に建造されたウォークアラウンドモデルのひとつと言われており、その後、現代に至るまで、ウォークアラウンドは、グラディホワイトのラインナップにおける、中核シリーズのひとつになります。

この時期のグラディホワイトのラインナップは、そのほとんどが船外機仕様となっていましたが、オフショアフィッシングボートとしての能力を高める手法のひとつとして、スターンドライブ仕様の導入も行っています。スターンドライブ仕様のモデルは、その後シリーズ化され、船外機仕様と同じハルを用いたバリエーションとして、1990年代の初めまで、ラインナップされていました。

*

1980年代末から1990年代の半ばにかけて、同社のモデルのハルは、レイ・ハント&アソシエイツ(Ray Hunt & Associates)の手に成る、「Sea V2(Continuously Variable Veeの略であるCVVにかけた名称)」に、順次変更され、さらに洗練された航走感を得ることに成功。21世紀に入ると、品質面での向上が図られるとともに、30フィートを超えるクラスのモデルもラインナップされるようになり、高出力4ストローク船外機に対応したモデルも他ビルダーに先駆けて登場させています。

また、ユーザーの評価も高く、J・D・パワー&アソシエイツ(J.D. Power & Associates)の顧客満足度調査では、7年間連続して、小型フィッシングボート部門のトップです。

グラディホワイトは、創設から半世紀の間に60,000艇を超えるボートを出荷。現在も米国の小型スポーツフィッシャーマンの世界では、圧倒的なシェアを誇るビルダーで、一時期は、米国内で販売された小型ウォークアラウンド艇の45%がグラディホワイトだったとも言われています。

名実ともに米国の小型スポーツフィッシングボートを代表するブランドといえるでしょう。

GRADY-WHITE BOATS
http://www.gradywhite.com/

グランドバンクス
GRAND-BANKS

U.S.A./Singapore ● アメリカ/シンガポール

1950年代に香港で建造された
36フィートの木造トローラーをルーツとするビルダーは、
トローラータイプのクルーザーのトップブランドに成長。

◾1956年、香港

　グランドバンクスの創設者はロバート・ニュートン（Robert Newton）。彼は、もともと香港で小さな造船所を営んでおり、それ以前から造船に携わっていたのですが、プレジャーボートビルダーとしてスタートしたきっかけとなったのは、息子のジョン・ニュートン（John Newton）とともに建造した34フィートクラスのスポーツフィッシャーマンでした。彼らは、もうひとりの息子であるウィット・ニュートン（Whit Newton）の参画を得て、1956年に「アメリカンマリーン香港（American Marine Hong Kong）」という、プレジャーボートビルダーを立ち上げます。

　なお、この「アメリカンマリーン香港」という社名は、後に「香港」という当時の本拠地名の記載がなくなり、「アメリカンマリーン」となりました。この社名は、「グランドバンクス」というブランドが確立された後も、変わらずに用いられていましたが、現在は、社名そのものも「グランドバンクス・ヨット」となっています。

◾36' 木造トローラー

　1962年、カスタム艇などを主に建造していた同社は、デザイナーのケン・スミス（Ken Smith）に36フィートクラスのクルージング艇の設計を依頼し、翌1963年にはそれを進水させます。〈スプレー（Spray）〉と名づけられた、トローラータイプのこのモデルは、「1,100マイルの航続距離と8ノットの速度」という性能だったようです。航続距離の「マイル」が、ランドマイルなのか、ノーティカルマイルなのかは分かりませんが、どちらにしても、速度より航続距離に重点を置いたロングレンジクルーザーであったことは確かです。

　36フィートクラスのトローラーは大好評で、同社は、1964年からカスタム艇の建造を中止し、そのトローラーのみを建造するプロダクション艇ビルダーとなります。そして、そのプロダクション化されたトローラーの名前は、「グランドバンクス36」。その後、長期に渡ってラインナップの中核となるモデルのルーツでした。

　当時のグランドバンクスは、フレーム&プランク工法による木造艇です。外板は、細長い板を突き合わせて張るストリッププランキングで、素材はフィリピン産のマホガニーでした。プレジャーボートの世界では、そろそろFRP製の大型艇なども建造されるようになってきた時代ですが、同社は1970年代までこの工法でフネを造り続けることになります。

グランドバンクスのルーツというべき木造のカスタム艇、36フッターの〈Spray〉

1965〜1996年の間ラインナップされた32 Sedan。グランドバンクスの最小モデル

〈Spray〉に始まる36（後の36 Classic）は、写真の3世代目が2004年まで存在

　36フッターを登場させた翌1965年には、早くも42フッターをラインナップ。同社は、その後数年間で32〜62フィートに7クラスのトローラーフリートを創り上げます。

　また、1967年には、ロバート・ドリス（Robert Dorris）の設計した、「アラスカン（Alaskan）」と呼ばれるシリーズも加わります。居住性と堪航性に優れたトローラー風モーターヨットという趣のこちらは、45〜55フィートに5モデルを数えました。

36、32とともにロングセラーとなった42。写真の最終世代は2004年まで

1970年代、非常に短期間のみラインナップされたLaguna。これは38フィートクラス

1980年代には、全幅一杯のアフトキャビンを持つ「MY」タイプが登場。写真は49MY

1980年代に登場したシェイデッド・サイドデッキ型のEuropa。これは36 Europa

1980年代のモデル、42 Sport Cruisere。船尾に大きなコクピットがあります

ダウンイーストタイプのEastbayは1990年代半ばから。Eastbay 38

■移転、そしてFRP化

1960年代の半ばからのわずかな期間で、トローラービルダーとしての地位を確立した同社ですが、なにしろ、もともと香港の小さな造船所がルーツです。建造施設を拡張するにしても限界があったため、新たな造船施設はシンガポールに建設されました。

シンガポールの工場がオープンしたのは1969年。その後、1973年には、そのシンガポール工場において、同社初のFRP製モデルが建造されます。

最初のFRP艇は、同社のルーツであった36。その後、32、42と、売れ筋モデルが続々とFRP化されていきました。ちなみに、最初にFRP化された36のハルナンバーは366でした。

FRP製グランドバンクスは、外板にストリッププランキングの板目を模したスジを彫り、トランサムの表面はマホガニー仕上げ。また、FRPの裏側部分は、ストリッププランキング時代と同じ幅の板で内張りが施されており、極力、木造艇時代と同じ雰囲気を保つようにしてありました。これは、現在でも継承されている、グランドバンクスの特徴のひとつです。

なお、シンガポール工場稼動後も、香港工場は継続して使用されていましたが、後述するように、同所は1974年に閉鎖されました。また、グランドバンクスの登記上の本社は、現在もシンガポールですが、営業活動における本社機能を持つオフィスは、米国のシアトルに置かれています。

■オイルショック

1970年代に向けて、同社はグランドバンクスシリーズのFRP化とともに、もうひとつのプロジェクトをスタートさせていました。それは「ラグーナ(Laguna)」と名づけられた、非トローラータイプのシリーズの開発です。このシリーズは、現在、中古艇市場でもごく少数のモデルしか見ることはできませんが、少なくとも、外観的にはグランドバンクスと似ても似つかない、当時のクルーザーとしては流行の先端をいくスタイリングでまとめられた、セダン、あるいはコンバーチブルと呼ばれるべきモデルです。

しかし、グランドバンクスのFRP化が始まった年でもあり、このラグーナシリーズが登場した頃でもある1973年は、世界的なオイルショックが始まった年でした。

グランドバンクスにとっては、海外新工場の建設、素材の改変、新シリーズの開発などに対して、相次いで資本投下が行われ、ようやくそれを回収しようとしたところだったわけですから、その打撃は強烈でした。

特に、新シリーズのラグーナは、その影響をごく直接的なかたちで受けることになります。もちろん搭載エンジン次第でしたが、最初の38フィートモデルは、当時、同種同クラスのクルーザーの中では高速の部類となる、30ノットを超える最高速を狙っていたといいますから、燃料価格の高騰は、モロにその売れ行きを左右するものになったはずです。

そういったさまざまな状況は同社の経営を確実に圧迫し、1974年には香港工場の閉鎖、そして一時的にではありましたが、生産停

シリーズでは最大艇となる58/66MY。1990〜2002年の間ラインナップ

最新モデルのHeritage 41EUは、CMDのZEUSドライブを装備

47は、2008年のラインナップに残った、唯一のClassicタイプ

現在のグランドバンクスシリーズの最大艇は52EU

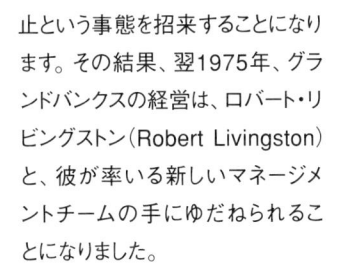

Eastbayシリーズは、すべてがデッキハウスタイプ。写真は49SX

ラインナップの最大艇は、Aleutianシリーズの72 RP

止という事態を招来することになります。その結果、翌1975年、グランドバンクスの経営は、ロバート・リビングストン（Robert Livingston）と、彼が率いる新しいマネージメントチームの手にゆだねられることになりました。

　リビングストンは、会社の経営規模の縮小や経営の効率化を図ることで、最悪の事態を回避しますが、その際、大きな力となったのは、同社のルーツであり、またラインナップの中核だった、トラディショナルなトローラーシリーズでした。

　もともと、燃費の良い長距離クルーザーとして開発されたトローラータイプのモデルは、皮肉なことに、燃料価格の高騰という状況下でも、経済的にクルージングを楽しむことのできるモデルとして、より多くのユーザーを獲得することになったのです。

■現在のラインナップへ

　1980年代のグランドバンクスは、ラインナップを絞り込み、ハルを共用しながら上部構造のアレンジの違いでバリエーションを増やすなどの手法で合理化を実施。まるで1970年代に受けたショックを癒し、その体力の回復を図っているようでしたが、1990年代に入ると、再び、新しいシリーズをラインナップに加えます。

　1993年に登場した新シリーズは「イーストベイ（East Bay）」。最初のモデルは38フッターでした。

　イーストベイ38は、グランドバンクスとは別なニュアンスながらも、やはりトラディショナルな雰囲気を持つダウンイーストスタイルのエクスプレスで、設計は、この種のモデルを得意とするR・ハント＆アソシエイツ（Ray Hunt & Associates）。1970年代のラグーナが、グランドバンクスと対極にあるようなモデルであったのに対して、イーストベイは、グランドバンクスのスポーツモデルのよう雰囲気さえありましたから、好評をもって市場に迎えられることになります。

　1994年にはマレーシアに新工場を建設、さらに1999年には、シンガポール工場も新工場へ移転して、生産設備を拡充。2001年には、より大型のクルーザーシリーズとして、こちらもこの種のモデルに造詣の深いトム・フェクサス（Tom Fexas）設計の「アリューシャン（Aleutian）」シリーズを登場させ、現行ラインナップに直接つながる3シリーズを完成させました。

　現在も、グランドバンクスはトローラーやダウンイースト風モデルだけでラインナップを形成しています。しかし、2006年には、S＆S（Sparkman & Stephens）設計事務所の手に成る新船型を採用し、最高速が20ノット台後半という高速トローラーを誕生させ、2008年には、新鋭ポッドドライブのCMD ZEUSを搭載した41フッターをラインナップに加えています。

*

　グランドバンクスは、単なるトラディショナルなクルーザーのビルダーというわけではありません。常に新しいトローラーのあり方を探り、新技術を積極的に導入してきたこともまた、その魅力の理由なのです。

GRAND BANKS YACHTS
http://www.grandbanks.com/

044

ハトラス
HATTERAS

U.S.A. ● アメリカ

創設者であるウィリス・スレーンのコンセプトが具現化された、
ボート史上初めての「コンバーチブル」を建造。
大型FRPモデルに多くのノウハウを持つビルダー。

■地域性からのスタート

ハトラスは、ノースカロライナ沖合のドロップオフで、大魚を狙ってフィッシングを楽しむアングラー、ウィリス・スレーン（Willis H. Slane, Jr.）が、自身のフィッシングスタイルをより快適なものにできるフネを建造すべく創設したビルダーです。

スレーンはさまざまな可能性を探りましたが、その結果、たどり着いた結論は、まだ一般的というほど大型艇の世界では普及していなかったFRPを用いて、40フィートクラスのモデルを建造することでした。

工場は海岸線から300km以上内陸のハイポイント（High Point）に置かれました。海際ではなく、あえて内陸の都市近郊に工場を設けたのは、フネの内装や調度のために、腕の良い家具職人を雇うのが容易だというのがスレーンの考え方だったようで、これは、その後、ハトラスの良質なインテリアに反映されることになります。

スレーンのコンセプトを具体的なかたちにしたデザイナーは、ジャック・ハーグレイブ（Jack. B. Hargrave）でした。ハーグレイブが正式に船艇設計を学んだのは30代になってからといいますから、いわば「遅咲きのデザイナー」なのですが、短期間でその才能を発揮するようになった彼は、それまでにもいくつかの有名モデルの設計に加わっており、1958年にはフロリダに自身の設計事務所を開設していました。スレーンからの設計依頼は、ちょうど彼が設計事務所を開いた直後だったようです。

ちなみに、ハーグレイブはその後もフリーランスの大型艇デザイナーとして活躍する一方、ハトラスのラインナップの大部分の設計を担当していくことになります。

ハーグレイブがスレーンのために設計したのは、全長40フィート9インチ（12.42m）、全幅14フィート（4.27m）のフライブリッジモデル。このモデルは、1960年3月20日にハイポイントの工場をトレーラーに載せられて出発し、その2日後に進水します。

■史上初の「コンバーチブル」

ハトラスが全国区デビューを果たしたのは1992年1月のニューヨークボートショーでした。当初のモデル名は「ハトラス41コンバーチブル・ヨットフィッシャーマン（Hatteras 41 Convertible Yacht Fisherman）」。このモデルは、米国で初めてFRPで建造された大型艇であり、また、フィッシングとクルージングの両用艇の意味で、初めて「コンバーチブル」という言葉を用いたモデルでもありました。

ハトラス41には、このショーの直後、純粋なクルージング艇が姉妹艇として追加されています。「41ダブルキャビン（41 Double Cabin）」がそれで、それ以降、ハトラスのラインナップは、コンバーチブルとモーターヨットの2艇種がその中核となります。

また、ひと回り小さい34フィートクラスのフライブリッジ艇も、41に1年遅れの1961年に完成してお

最初のハトラス、41 Convertible Yacht Fisherman、〈Knit-Wits〉

り、こちらにも1963年には「34ダブルキャビン」が追加されています。

全国区となったハトラスは次々にニューモデルを誕生させます。41フッターを発表したニューヨークボートショーから2年後の1964年には、早くも50フィートクラスという、もちろん当時のFRP艇としては最大級のモデルを建造。その後もコンバーチブルやダブルキャビンを次々に生み出し、1960年代だけで53フィートクラスをフラッグシップとする10艇以上のラインナップを完成。さらに1970年には、70フィートクラスのモーターヨットまでプロダクション化します。

■経営体制の変革

創設者のウィリス・スレーンは病に倒れ、1965年に他界。ただ、彼はそうなることを知っていたかのように、あらかじめデイビッド・パーカー（David Parker, Jr.）という人物に経営を託していたため、ビジネスに与える影響は最小限に抑えられました。

1968年、ハトラスは航空機メーカーの「ノースアメリカン・ロックウェル（North American Rockwell）」傘下となります。これは経営資金を得るための方策でした。特に1970年に登場した70フィートクラスという大型FRPモデルの開発費用は、ノースアメリカン・ロックウェルからの援助なしでは賄えなかったでしょう。しかし、ノースアメリカン・ロックウェルは1972年にボート事業から撤退。ハトラスの経営は、ボーリング機器／用品メーカーのAMFが引き継ぎます。

当時のAMFは、ボーリングブームで得た資金を背景に、総合スポーツ用品コングロマリットを目指しており、ハトラス以外のボートビルダーもその傘下に置いたことがあります。

AMF時代（1972～1985年）のハトラスには、それまでと違ったタイプのモデルがあります。これは、別なボートビルダーがAMF傘下となったときにも見られた傾向なのですが、どうやらAMFには、そのブランドの力を利用しながら、それまでとは異なる傾向のモデルを積極的に販売し、より幅広い顧客を獲得しようという戦略があったようなのです。

1975年の「31エクスプレス」や、1982年の「32スポーツフィッシャーマン」はその典型で、設計もハーグレイブではなく、ジム・ウィン（Jim Wynne）やフレッド・ハドソン（Fred Hudson）が行っています。また、ラインナップにロングレンジクルーザー（Long Range Cruiser＝LRC）と名づけられた、トローラー的なモデルが加わったのもこの時期でした。そして、さらに驚くべきことに、1983年には、「65セールヨット」というハトラスの歴史上唯一無二のセーリングクルーザーがラインナップされているのです。

もっとも「65セールヨット」はさすがに短命で、ハトラスがAMFの傘下を離れた1985年をもって、ラインナップからは消滅。65フィートという大型セールボートでありながら、そのモデルライフは3年に満たないものでした。

■ジェンマーインダストリーズ

AMF傘下のハトラスを1985年に買収したのは、すでにウェルクラフト（Wellcraft）などのボートビルダ

1986年の41 Convertible。サイドウインドウの形状がこの時代のモデルの特徴

AMF傘下の時代、わずか1年だけラインナップされた31 Express Cruiser

1983年には、ハトラス史上唯一無二のセーリングクルーザー65 Sail Yacht

41CYFの姉妹艇として追加された、純クルージングタイプの41 Double Cabin

41に続いて、その普及版的なモデルとしてラインナップされた34 Sport Cruiser

1970年の70 Motor Yacht。当時のFRPプロダクション艇としては最大級

ーを傘下に置いていたミンスター（Minstar）でした。ミンスターは翌1986年にジェンマーインダストリーズ（Genmar Industries）を設立。ハトラスやウェルクラフトなどのボートビルダーは、そちらのグループに収まることになります。同社は、現在も米国におけるボートビルディング・コングロマリットのひとつであるジェンマーホールディングス（Genmar Holdings）の前身です。

当時、ミンスターのトップにあり、現在もジェンマーホールディングスを率いるアーウィン・ジェイコブス（Irwin Jacobs）によれば、この買収に際して、どうしてもAMFがハトラスを手放さなかったため、彼はAMFグループ全体を買収し、その後、ハトラスのみを手元に残して、他の会社を再度売却するという手法を用いたのだそうです。いかにも米国らしいビジネス戦略といえるでしょう。

ジェンマーインダストリーズは、AMFとは異なり、もともと、ボートビルダーのコングロマリットです。グループ内のビルダー同士の競争が起きないようにするための「調整」は避けられませんが、少なくとも、そのグループ内のハトラスの役割が、小型艇やトローラーを建造することでないことは、よく分か

Yacht Fisherと呼ばれるタイプの最終モデルは1987〜1990年の53 YF

1980年代後半のMotor Yachtを代表する、ロングデッキハウスの70 MY

現行モデル80 MY Sky Lounge。フライブリッジをラウンジ化しています

現行プロダクションシリーズの最大艇は100 MY。これ以上はカスタムモデル

っていたはずです。同社は再び、コンバーチブルと大型モーターヨットを中核とするビルダーに戻ります。

■ブランズウィック

1980年代後半から1990年代のハトラスは、途中、不況期のボート市場を見すえて開発したであろう、やや「お手ごろ」感のある39コンバーチブルと39スポーツエクスプレスを1994〜1997年という短期間だけラインナップしていますが、それを除くと、40フィート以下のモデルを建造していません。1995年には、90フィートクラスのコンバーチブルと110フィートクラスのモーターヨットという、プロダクションモデルとしては最大級のフネをラインナップに加えたくらいですから、不況の影響は最小限だったのでしょう。

そんな同社に、経営面で再び大きな変革が訪れたのは2001年。この年の10月24日、突然、ブランズウィックがハトラスを買収したという発表がなされたのです。

ジェンマーインダストリーズとブランズウィックは、自他共に認めるライバル関係にありますし、当時のジェンマーにとって、ハトラスは傘下のビルダーの中核です。どういういきさつがあったのかは知る由もありませんが、ともあれ、ハトラスはブランズウィックの傘下となり、同グループ内でモーターヨットやコンバーチブルを建造し続けることになります。

＊

現在のハトラスは、コンバーチブルとモーターヨットのみを建造。また、コンバーチブルは54フィートクラスが、モーターヨットは56フィートクラスが、それぞれ最小モデルです。おそらく、これが1960年代の同社のポリシーの延長上にあるビルダーの姿なのかもしれません。

シリーズの最新モデル60 Convertible GTは40ノット級の高速コンバーチブル

HATTERAS YACHTS
http://www.hatterasyachts.com/

045

ヘンリケス
HENRIQUES

U.S.A. ● アメリカ

実質重視の堅実な設計で本格派の支持を集める、
ニュージャージーの小規模なビルダーのブランド。
チャーターフィッシングボートの世界でも好評。

30 Expressは、2007年発表の2008年モデル。同社の最新世代のモデルです

■1977年に設立

　ヘンリケスヨット社は、シリアスなボートアングラーやチャーターボートのキャプテンなど、いわゆる「ハードコアな」ボートアングラーにはよく知られているようですが、特に老舗というわけでもありませんし、また、大手でもなく、特別な高性能モデルをラインナップしていたりするわけでもないため、一般のボートアングラーにとっては、それほど馴染みのない存在かもしれません。

　同社は、第2次世界大戦後にポルトガルから移住してきたジャック・ヘンリケス（Jack Henriques）が1977年に設立したビルダーです。彼は、自身がビルダーを設立するまで、米国のメイン州やニュージャージー州のビルダーで働いていたようですが、もともとヘンリケス家はポルトガルで造船業を営んでいた家系であり、ジャックはその4代目だったそうですから、たとえ本格的な造船経験は少なかったとしても、造船に関する基本的な知識は持っていたのでしょう。

　ヘンリケスの最初のモデルは、ジャック自身の設計による35フィートモデルの「35 メインコースター（Maine Coaster）」。船尾に広いコクピットを持つ、その地方の漁船のようなスタイルのフィッシングボートで、スポーツフィッシング向きのフライブリッジ仕様のほかに、パイロットハウス型の漁船として建造されたものがかなりあるようです。ちなみに、このモデルにはその後さまざまなモディファイが加えられ、その最後期型が2000年までラインナップされるロングセラーとなります。

■50フィートクラスも追加

　1980年には、現在の本拠があるニュージャージー州のベイヴィル（Bayvilie）に工場を設け、44フィートクラスのフライブリッジモデルを建造。このモデルは、チャーターボートとしても高い評価を得たようで、同社のモデルは、少しずつスポーツフィッシングの世界で認められるようになっていきました。

　1990年代には、さらにラインナップを拡大すべく、50フィートクラスの本格的なコンバーチブルをデビューさせるとともに、28フィートクラスのエクスプレスフィッシャーマンもリリース。その後、2000年を最後にラインナップから消えた35フィートクラスにも新しいエクスプレスフィッシャーマンを投入します。

　また、現在、同社のデストリビューターとなっているインテグリティマリン（Integrity Marine）とは1990年代にリレーションシップが結ばれ、それ以降のセールスプロモーションなどは、すべてインテグリティマリンが行っています。

＊

　現在、造船所の運営は、マリアとナタリア（Maria Demers, Natalia Costa）というジャック・ヘンリケスの（既婚の）2人の娘と、ナタリアの夫であるマニー・コスタ（Manny Costa）が行っていますが、ジャックは現在も社主であり、また、同社のモデルのデザイナーでもあります。

Henriques Yacts
(Distributor : Integrity Marine)
http://www.integritymarine.com
/Henriques.htm

046

ヒンクリー
HINCKLEY

U.S.A. ● アメリカ

木造漁船などを建造する、小さな地域造船所からのスタート。
現在のラインナップは、クラシカルなモデルながら、
素材や工法などについては、先端技術を積極的に採用。

■創設は1928年

　現在は、高級なセールボート、モーターボートのビルダーとして知られている同社ですが、そのルーツは、1928年にベンジャミン・ヒンクリー（Benjamin Hinckley）が地域の漁船などを建造するため、米国のメイン州に設立した小さな造船所でした。

　1932年には、ベンジャミンの息子であるヘンリー・ヒンクリー（Henry R. Hinckley）が家業を継ぎます。コーネル大学でエンジニアリングを学んだ彼は、設計や生産の合理化を進め、建造するボートをシリーズ化するなどして、同社をより近代的なビルダーに進化させていきました。

　1938年には、初のプレジャーセールボートを建造。S&S（Sparkman & Stephens）が設計したその40フッターの好評を受け、その後、もうひと回り小さなモデルがシリーズ艇としてラインナップされます。

　古くからあった多くの米国ビルダーと同様、第2次世界大戦中の同社は、軍用の小型艇などを建造していましたが、終戦後は、プレジャーボートビルダーとしての活動を再開。1955年には、他に先駆けてFRP製小型ディンギーの建造に成功し、5年後の1960年には、40フィートクラスのセールボート「バーミューダ40（Bermuda 40）」をFRPで建造します。そして、以後の同社は、1980年代の後半まで、セールボートビルダーとして活動を続けることになります。

■経営の変化

　1980年には、同社を近代的なビルダーに仕立て上げたヘンリー・ヒンクリーが死去。彼はその1年前の1979年に会社をリチャード・タッカー（Richard Tucker）に譲渡済みだったため、それがヒンクリーの経営面に直接の影響を及ぼすことはありませんでしたが、なぜか、1982年には、ヘンリーの子息であるボブ・ヒンクリー（Bob Hinckley）がシェパード・メッケニー（Shepard McKenney）とともに、同社を再買収しています。

　経営面では少々複雑な状況があったものの、ボートの建造そのものは順調に行われており、1989年には「タラリア（Talaria）」と名づけられたモータークルーザーをラインナップ。以降の同社は、セールボートとパワーボートのどちらも建造するビルダーとして現在に至っています。

　なお、ヒンクリーとメッケニーは、1997年に経営から退き、現在は社外協力者的な立場にあるようです。

＊

　現在の同社のモデルは、ケブラーとEグラスを用いた外皮と、カーボンの内皮という積層構造で、樹脂はインフュージョン方式によって含浸しています。強靭で軽量な構造であることは、いうまでもありません。

　また、現在、パワーボートの全モデルにウォータージェット推進を標準的に設定。ジョイスティック1本で自在のマニューバが可能な「ジェットスティック」も用意されています。

　外観こそクラシカルですが、ヒンクリーのモデルには、常に最先端の技術が取り入れられています。

パワーボートラインナップの原点、1990年のTalaria 42。1989年建造の2艇は39

1999年デビューのTalaria 44。現在もラインナップ中核モデルのひとつ

The Hinckley Company
http://www.hinckleyyachts.com/

047 ハント
HUNT

U.S.A. ● アメリカ

名デザイナー、レイ・ハントの設計思想を受け継ぐ、
老舗デザイン事務所、レイ・ハント&アソシエイツが設立。
ボート史上まれにみるデザイン事務所直系のボートビルダー。

■レイ・ハント直系ビルダー

米国のロードアイランドに「ハントヨット」というモーターボートビルダーが誕生したのは1990年代の末。まだ出来て10年ほどのビルダーですが、その背景には、1960年代、あるいはさらにそれ以前からの豊富な設計例と建造のノウハウが存在しています。

このビルダーは、米国の老舗デザイン事務所である、レイ・ハント&アソシエイツ(Ray Hunt & Associates)が、同社の設計したモデルを建造するために、自ら設立したものなのです。

レイ・ハント&アソシエイツは、1961年に「ディープV」船型の発明者として知られるレイ・ハント(Charles Raymond "Ray" Hunt)が設立。ハント自身は、1978年に亡くなりますが、ハント&アソシエイツはその後も彼の設計思想を受け継ぐデザイン事務所として存続し、プロダクション、カスタムを問わず、多くのモデルの設計に携わってきました。

そんな同社が、ビルダーを設立するきっかけとなったのは、1990年代の後半に、現在、「Surfhunter 33」としてラインナップされているモデルの前身となるダウンイーストスタイルの33フッターをいくつかのクライアントに提案した際、それを受け入れるビルダーがなかったことです。ハント&アソシエイツのような独立デザイン事務所において、これはそれほど珍しいことではなかったはずですが、資金面などについて支援する人もあったことから、あえてそれを自身で建造することとし、ハントヨットを立ち上げたのでした。

とはいえ、当時のハントヨットは、建造施設を持っていなかったため、建造は、マサチューセッツ州のコンコルディア・カスタムヨット(Concordia Custom Yachts)に依頼されました。

■25フィートクラスから

現在の同社には、ラインナップの中核となるモデルを建造する自社工場があり、マリーナに隣接した営業オフィスもあります。

ハントヨットを率いているのは、ピーター・ヴァン・ランカー(Peter Van Lancker)。彼は、ボストンホエラーでチーフ・デザイナーを務めたこともある人物で、ボートビルディングについては十分な経験を積んでいます。

プロダクションモデルとして用意されているのは、25フィートクラスから36フィートクラス。「サーフハンター(Surfhunter)」と「ハリアー(Harrier)」の2シリーズがあります。また、より大きなカスタム/セミカスタムモデルなどもありますが、同社の造船施設の限界などもあってか、それらは外部のビルダーに生産を委託することになるようです。

＊

ボートビルダーがデザイン部門を抱えているのは、別に珍しいことではありませんが、デザイン事務所が、それも創設以来70年近くも、ずっとボートデザイン界のトップを走り続けてきたところが造船部門を持つというのは、もしかするとこれまでに例がなかったかもしれません。

名デザイナーの設計思想を、きわめて直接的に受け継ぐビルダーです。

現行モデルの最小クラスで、ラインナップ唯一のセンターコンソールSurfhunter 25CC

Surfhunter 33。創設期の33 Expressの発展型というべき現行ラインナップ

自社施設で建造するプロダクションのトップ・オブ・ザ・ライン、Harrier 36

Hunt Yachts
http://www.huntyachts.com/

048

ハイドラスポーツ
HYDRA-SPORTS

U.S.A. ● アメリカ

1970年代の創設当初からスポーツフィッシャーマンを専門とし、タフな走りと合理的な構造により、短期間で人気ブランドへ。現在も幅広いフィッシングスタイルに合わせたモデルを建造中。

■タフな高速モデル

　ハイドラスポーツは、かつて同じブランドでバスボートも建造していましたが、バスボートについては、この本の対象外ですので、触れていません。ご了承ください。

　さて、ハイドラスポーツが設立されたのは1973年。当初から、FRPの小型フィッシングボートを建造するビルダーとして誕生しています。

　同社は、かなり長い間、その最大艇が25フィート程度という比較的小型のモデルを中心としたラインナップを構築していました。ハイドラスポーツは、内部の構造材などをFRP一体成型としたモデルの開発が早かったようですが、これはフネのサイズがそれに適した範囲だったということも理由だったのでしょう。

　また、この種の大手プロダクション艇ビルダーの中では、他に先駆けて、積層中にケブラーを用いたビルダーとしても知られています。

　1980年代の同社の小型スポーツフィッシングボートは、タフな高速モデルとして評価されていました。しかし、米国の人気ビルダーの多くがそうだったように、同社にも、大手ボートビルディング・コングロマリットによる買収の手が伸びてきます。

■OMCからジェンマーへ

　1988年、ハイドラスポーツは、OMC（Outboard Marine Corp.）の傘下に組み込まれます。

　OMCは、「ジョンソン（Johnson）」や「エビンルード（Evinrude）」といった船外機と、「OMC」ブランドのスターンドライブを製造するマリンエンジンメーカーで、当時、同社を核とするボートビルディンググループを形成していました。

　しかし、1990年代に入ったところで経済は失速。ボートの需要は伸び悩みます。しかも、親会社のOMCは、船外機の排出ガス規制に対応するため、「FICHT」と名づけられた2ストロークDIエンジンの開発に大きな投資を行っていたため、非常に厳しい状況に置かれてしまうことになります。

　2000年、ついにOMCは倒産。船外機のジョンソンとエビンルードは、カナダのボンバルディエ（Bombardier。現在は、そこから分離独立したBRP）が引き受け、同社傘下のボートビルダーのうち、ハイドラスポーツを含む有力なものは、ジェンマーインダストリーズ（Genmar Industries。現在のジェンマーホールディングス）の傘下となったのでした。

＊

　現在のハイドラスポーツは、ベイボートからオフショア向きのものまで、さまざまなモデルをラインナップする、総合スポーツフィッシャーマンビルダーとなっています。最小モデルは17フィート半クラスですが、最大モデルは、全長が41フィートを超える巨大なセンターコンソール。もはや小型艇ビルダーではありません。

　高出力4ストローク船外機の登場は、スポーツフィッシャーマンの高性能化と大型化に拍車をかけています。ハイドラスポーツにとっては、今がビジネスチャンスなのかもしれません。

1980年代の終わりに登場した3300 SFは、OMC時代のフラッグシップでした

現行モデルの3300 VX。高速センターコンソール・カディです

全長41フィート7インチの4100 SF。センターコンソールとしては最大級のモデル

Hydra-Sports Boats
http://www.hydrasports.com/

049

イントレピッド
INTREPID

U.S.A. ● アメリカ

ハイパフォーマンス・スポーツフィッシャーマンのみを建造し、1983年の設立以来、短期間で存在感を示したビルダー。47.5フィートクラスの船外機4基掛けモデルもラインナップ。

■短期間で示された存在感

イントレピッドが設立されたのは1983年。その後、きわめて短期間のうちに、高品質で高性能、しかもタフなモデルを建造するビルダーとして目されるようになりました。

現在のラインナップは、どのモデルも程度の差こそあれ、フィッシングを意識したものとなっており、すべて船外機仕様です。ただ、かつては30フィートに満たないモデルや、20フィート程度のベイボートなどをラインナップしていた同社ですが、現在の最小モデルは30フィートクラスのセンターコンソールで、それよりも小さなモデルはありません。一方、ラインナップのトップ・オブ・ザ・ラインは47.5フィートクラスという、船外機仕様のモデルとしては最大級のエクスプレスクルーザーです。

なお、同社は、自社のモデルを「セミ・カスタム」としており、オプションなどで変更される部分も少なくないようです。

■ステップト・ハル

同社の創設者はジョン・ミチェル（John Michel）で、彼は現在もCEOとして同社を率いる立場にあります。もともと、自身のコンセプトを実現すべく立ち上げたビルダーということもあって、彼自身の設計例もあるようですし、現在もさまざまなアイデアを提示しているということです。

同社の初期モデルの設計には、1960年代から活躍してきた名デザイナー、ジム・ウィン（Jim Wynne）がかかわっていましたが、ウィンは1990年に死去。それを引き継いだのが、元ウィンのスタッフで、1981年に自身の事務所を設立していたマイケル・ピータース（Michael Peters）でした。現在のピータースは、小型のランナバウトも、オフショアレーサーも、さらにメガヨットも手がけており、彼が設計したものは、メジャーなプロダクションビルダーのラインナップにも少なからず存在しています。

イントレピッドは、ピータースが設計に関与するようになってから現在まで、ほとんどのモデルにステップト・ハルを用いています。現在のイントレピッドは自社設計のようですし、それ以前もすべてをピータースが設計してきたわけではありませんが、一時期のピータースは、ステップト・ハルを得意としていましたから、現在の同社のハルも、彼の設計に何らかの影響を受けていると思われます。

ラインナップのどのモデルも、高い航走能力に対応するためもあって、基本的にタフです。同社は、設立当初からバキュームバギングによる成型を実施。また、スタイロフォーム・コアのストリンガーシステムと船内のライナーを接着一体化し、床下の空間にはPVCフォームを充填して、高剛性のハルを実現しています。

*

同社の販売する新艇のかなりの部分は、それ以前からイントレピッドに乗っていたオーナーの買い替え需要なのだそうです。それだけ、同社のモデルには、「やめられない」魅力があるということなのでしょう。

創設期の30 Cuddy。設計はジム・ウィンで、まだステップト・ハルではありません

310 Warkaroundは現行モデルで小さいほうから2番目。2005年デビュー

現在のフラッグシップである475 Sport Yacht。高出力船外機の4基掛けが前提

Intrepid Boats
http://www.intrepidboats.com/

050

アイランドジプシー
ISLAND GYPSY

China ● 中国

オーストラリアのビルダーとグランドバンクスのOBが立ち上げた、
トローラータイプのクルーザーを建造するビルダーがルーツ。
その背景には19世紀からのフネ造りの歴史があります。

最初に中国で組み立てられ、後に建造も行われた30フッター。これは30 Sedan

現行モデルの32 Eurosedan。デビューは1981年で、現在もスタイルは同じです

「アイランドジプシー」としては最新モデルとなる39 Eurosedan

■ルーツはノルウェー

アイランドジプシーと名づけられたトローラーシリーズの建造は、1975年に始まっています。このシリーズは、オーストラリアでオリジナルモデルの開発と建造を行っていたラーズ・ハルバーセン・サンズ（Lars Halvorsen Sons）のハーベイ・ハルバーセン（Harvey Halvorsen）と、その直前に操業を停止したグランドバンクスの香港工場で、プラントマネージャーを務めていたジョゼフ・コン（Joseph Kong）が、同年に設立した「コン＆ハルバーセンM&E（Kong & Halvorsen Marine & Engineering）」という新しいビルダーのラインナップとして建造されました。

ちなみに、ハルバーセン家は、19世紀後半のノルウェーで造船事業を開始した家柄です。彼らは、1921年に南アフリカへ移住し、さらに1925年、オーストラリアへ再移住してきました。ハルバーセン家は、オーストラリアでも造船会社を起業。第2次世界大戦中には、すでに多くの軍用小型舟艇の発注を受けることができるだけの規模になっていました。

■中国本土での生産

1976年の毛沢東の死により、中国の開放政策が始まったことになっていますが、まだ海外と中国の企業の一般的な取引などほとんどなかった1978年、コン＆ハルバーセンM&Eは広東トレードフェアに出展するアイランドジプシーの30フッターを現地で組み立てることに成功。それをきっかけに、1980年には、中国で同社向けのプレジャーボート生産を行う会社をジョイントベンチャーで立ち上げます。これは、中国がプレジャーボート建造で外貨を稼いだ、最初の例になったとのことです。

1986年には、ハルバーセンのパートナーであったジョゼフ・コンが死去。その4年後の1990年には、同社をハルバーセン側で完全に買い取り、社名を「ハルバーセンマリン（Holversen Maeerine）」と改めます。

それまで、さまざまなクラスのモデルをラインナップしてきた同社ですが、1990年代初頭のボート不況の影響があったためか、1990年代末にはアイランドジプシーのラインナップは絞り込まれ、中国本土で建造される3モデルと、オーストラリアで建造される1モデルに減少。そして2000年、ハルバーセンマリンは、香港の建機や車両、運輸関係の大手、ヤードウェイグループと提携して「ヤードウェイマリン（Yardway Marine）」を設立。アイランドジプシーの建造は、それ以降、同社で行われています。

＊

かつては、30～80フィートクラスの幅広いラインナップを抱えていたアイランドジプシーですが、2008年現在、その名が冠されているのは、32、39フィートの2クラス。ただ、39フィートモデルはデビューしたばかりの新艇ですし、ハルバーセン（の販売部門）は、アイランドジプシー以外のトローラーもプロデュースしています。1世紀を超えるハルバーセンの伝統は、まだ続いているようです。

Yardway Marine
http://www.yardway.com.hk/marine/

051

ジャノー
JEANNEAU

France ● フランス

小型モーターボートレースへの出場で得た実績を背景に、
やがてプロダクションボートのビルダーに。
現在は、バラエティに富んだモデルを抱える総合ビルダー。

■小型モーターボートから

　ジャノーは、これまで多くのセールボートを建造しており、セールボートもモーターボートも建造する総合ビルダーとして現在に至っていますが、本稿は、モーターボートビルダーとしての同社に注目したものですので、セールボートビルダーとしての詳細については、あまり触れていません。ご了承ください。

　さて、ジャノーを設立したのは、アンリ・ジャノー（Henri Jeanneau）。彼は、1956年、小型モーターボートの耐久レース、「パリ6時間レース」に出場するため、自身の乗る小型モーターボートを建造します。このレースには、その数年後にジム・ウィン（Jim Wynne）やドン・シェッド（Don Shead）など、当時のモーターボート界で新進気鋭と目された海外のデザイナー／レーサーも出場。国際的にも注目されるレースだったのです。

　1957年には、他からの依頼で、小型の木造艇を建造、さらに1958年には、FRPハルのモデルにも挑戦しています。彼が正式にビルダーを設立したのは1959年。当初は「ジャノー」の名が用いられていなかったのですが、後に「ジャノー造船所（Les Constructions Nautiques Jeanneau）」に改名されています。

■現在はグループ・ベネトウ

　1960年に開発に着手し、翌1961年に市販された「キャロンク（Calanque）」という小型スポーツボートは、すでに全FRP製でした。同社は、1960年代の半ば、さらにセーリングクルーザーもFRPで建造するようになります。FRPによる量産技術を確立していた同社のモデルは、コストなどの面でも有利であったようで、1970年にデビューした「ソングリア（Sangeia）」は、その後の生産数が2,700艇におよぶヒット作となります。

　成功したジャノーは、豊富な資金を持つ大手グループ企業の買収の対象となったようで、1980年（あるいは1970年代の末）には、その傘下にボートビルダーグループを持つ、米国の巨大木材産業「バンガープンタ（Bangor Punta）」の買収を受けます。しかし、その後、バンガープンタがボートビルディング事業から撤退したため、ジャノーはフランスの企業であるシャテリエ（Chatellier）の傘下に。さらに、当時、イタリアのフェレッティクラフト（Ferretti Craft）傘下のモーターヨットビルダーだった、ヤーディング（Yarding）とのジョイントベンチャーなども行っています。経営が安定しない状態が続いていた1995年、最終的に同社を受け入れたのは、現在の親会社であるグループ・ベネトウ（Groupe Beneteau）でした。

＊

　現在のジャノーはグループ・ベネトウの傘下ですが、ラインナップの構成は親会社のそれと似ており、モーターボートとセールボートのどちらもラインナップ。モーターボートの最大艇は50フィートクラスのセダンで、ラインナップは、スポーツボートやフィッシングボートなども網羅する、バラエティに富んだものです。

現行モデル、Merry Fisher 585 Marlinは、全長5m台の小型フィッシングボート

パフォーマンスボートのCap Camaratシリーズの最大艇925WA

Prestige 50Sは、現行ラインナップ最大クラスのモデルのひとつ

Jeaneau Shipyard
http://www.jeanneau.com/

052

ジュピター
JUPITER

U.S.A. ● アメリカ

1980年代の末に誕生したスポーツフィッシャーマン・ビルダー。
ラインナップは、どのモデルも強力な航走能力を備えた、
パフォーマンス・センターコンソール。

■カール・ハーンドンが設立

　ジュピターマリン・インターナショナルが設立されたのは1989年。「ジュピター」という名称は、米国フロリダ州の東海岸、ウエストパームビーチにほど近い街の名で、同社が設立時にその本拠を置いたところです。ただ、その後、本社工場は2度の移転を経て、現在は同じフロリダ州の西海岸、タンパ湾の南にあるパルメトー(Palmetto)にあります。

　創設者はカール・ハーンドン(Carl Herndon)。彼は現在も同社のCEOですが、その経営陣には、同じ名前の彼の子息も副社長として参画しているため、父親を「カール・シニア(Carl Herndon, Sr.)」、息子を「カール・ジュニア(Carl Herndon, Jr.)」と呼ぶこともあるようです。

　なお、創設者のハーンドンは、日本でもよく知られていたスポーツフィッシングボートビルダー、「ブラックフィン(Black Fin)」を1973年に創設し、その後、1997年に倒産するまで、経営を続けた人物です。また、1993～1995年には、短い期間ではありましたが、「バートラム(Bertram)」のCEOとして、同社の経営に関わったこともあります。

■移転後にラインナップ拡大

　ビルダー設立とともにデビューした最初のモデルは、31フィートクラスのセンターコンソール。40ノット以上の最高速を狙うパフォーマンス・フィッシャーマンで、このモデルは現在もラインナップされています。

　その後、しばらくの間、ニューモデルは追加されなかったようですが、1998年、同社は生産施設拡大のため、工場をフォートローダーデールに移転します。このときの移転先は、かつてハーンドンが経営していた、ブラックフィンの工場でした。

　現在の「会社」としての形態が正式に整ったのは、どうやらこの移転の直前、あるいは移転をきっかけにしてのことだったようで、「ジュピターマリン・インターナショナル・ホールディングス」という会社の登記上の設立年は、1997年となっています。

　以降、現在まで、同社のラインナップは、基本的にセンターコンソールのみですが、2001～2003年の短期間だけ、35フィートクラスのコンバーチブルが存在しました。このモデルは、1994年に倒産した「フェニックスマリン(Phoenix Marine)」の「34 SFX」をベースとしたもので、倒産後、いくつかの会社の手を経てきた同社の施設や設備などを2000年にジュピターが買収したことにより、生産されたモデルでした。しかし、その後、旧フェニックスのモデルの再生産は、一切、行われていません。

　　　　　　＊

　ジュピターのラインナップは、従来、センターコンソールのみで構成されていましたが、2008年に39フィートクラスのエクスプレスフィッシャーマンがそれに加わりました。このエクスプレスフィッシャーマンは、ヤマハF350の3基掛けを前提としたパフォーマンスモデルで、同社の新しいフラッグシップとして注目を集めています。

ビルダー設立以来のラインナップとなるJupiter 31。これはOpenというタイプ

Jupiter 29。写真は船首側に腰掛けの備わるForward Seatingタイプ

Jupiter 38は、船外機3基掛けも考慮されたパフォーマンスモデル

Jupiter Marine International
http://www.jupitermarine.com/

ラーソン
LARSON

U.S.A. ● アメリカ

1913年に最初のモデルを登場させた老舗ビルダーながら、
新技術なども積極的に導入。
現在は、ジェンマーグループの中核として、主に小型艇を建造。

■1913年に最初のモデル

ラーソンは、現在まで途中で休止することなく存続しているモーターボートのブランドの中では、老舗のひとつといえるでしょう。会社名や経営形態はこれまでに何度か変わってきましたが、建造されるボートは、ずっと「ラーソン」という名前でした。

最初のモデルは、米国のミネソタ州のポール・ラーソン（Paul Larson）が1913年に造った、鴨猟向けの7および8フィートクラスのローボート（小型船外機取り付け可）でしたが、その後、船外機の普及を背景に、ラーソンはモーターボートの建造を本格化。1916年には正式に会社を発足させ、1930年代には、ウッドゥンボートを「量産」することができる規模のビルダーになっています。

ラーソンがその素材をFRP化したのは1954年。他社に比べて、早くからFRPの自由な成形性に注目していた同社は、素材のFRP化とともに、個性的なスタイリングのモデルや、コストを抑えたモデルなど、その素材の特性を生かした小型ボートを建造。さらにそのマーケットを広げます。特に1956年にデビューした「オールアメリカン（All American）」は、1,000ドルで購入できる16フィートのモーターボートとして人気を集めました。

■ジェンマーの傘下に

1960年代のラーソンは、短期間、ブランズウィックの傘下になったこともあるようで、その資金面でのバックアップもあってか、ラインナップの拡張や新船型の導入などによって事業を拡大。1969年の時点で、同社は世界最大級のFRPランナバウトビルダーになっていたといいます。

1970年代に入ってもラーソンは成長を続け、スノーモービルなど、ボート以外の事業も手がけるようになるのですが、それはビジネスとしては失敗で、しかも1973年にはオイルショックも重なります。1977年には倒産の危機に陥るものの、アーウィン・ジェイコブス（Irwn Jacobs）の資金投入で復活。この時点で、同社の経営権は、ジェイコブスに移ります。

ジェイコブスは同時期にミンスター（Minstar）社を設立。その後、1986年にジェンマーインダストリーズ（Genmar Industries。現在のジェンマーホールディングス）を分離し、ビルダーグループの経営に専念します。彼が初めて買収したビルダーがラーソンですから、同社はジェンマーグループの原点でもあるわけです。

1980〜1990年代には、ハリー・ショエル（Harry Schoell）の手になるデルタコニック（Delta-Conic）ハルを導入。同種のハルを小型ファミリーボート向けに実用化した数少ないビルダーとなりました。

また、同じジェンマーグループ内のグラストロン（Glastron）とともに、「ラーソン／グラストロンボート社」を形成。CAD/CAMからクローズド・モールド成型に至るシステム、「VEC（Virtual Engineered Composites）」を導入して、生産の合理化と環境への影響低減を図るなど、新しい生産技術に対しても積極的です。

All American 162。この1960年モデルはデビュー時よりも少し値上がりして、1,025ドル

Cabrio 370は現行ラインナップのフラッグシップとなっています

木造艇時代から1960年までラインナップされたFalls Flyer。これはFRP製の最終型です

Larson / Glastron Boats
http://larsonboats.com/

054

ルアーズ
LUHRS

U.S.A. ● アメリカ

異なるカテゴリーの4ビルダーを持つグループ企業、
ルアーズ・マリングループのスポーツフィッシャーマン部門。
現在のラインナップは、カロライナ・スタイルのモデルで構成。

ルアーズ・シースキフ社製1957年モデル(名称不明)。ラップストレークのハルが特徴的

■グループ企業

米国のルアーズは、日本でもお馴染みのコンバーチブルとスポーツフィッシャーマンのビルダーですが、同社は、「ルアーズ・マリングループ(Luhrs Marine Group)」というグループ企業の傘下にあります。

ルアーズ・マリングループを形成するビルダーは「ルアーズ(Luhars Corp.)」、「メインシップ(Mainship Corp.)」、「シルバートン(Silverton Corp.)」、「ハンター(Hunter Marine Corp.)」の4つ。他に同グループの英国支社的役割(ただし、現在の取り扱いはハンターのみ)を果たしている「ルアーズマリンUK(Luhrs Marine UK)」もグループ内企業となっています。

このうち、「ハンター」はセールボート専門のビルダーですので、本書では、それを除いた3つのモータークルーザーのビルダーをご紹介していますが、当然、その歴史などには共通部分があります。

このページでは、「ルアーズ」をご紹介する前に、まずグループ全体についてまとめておきますので、他の2ビルダーの項で記述を省略した「ルアーズ・マリングループ」については、このページを参照していただくことにしたいと思います。

■ルアーズからシルバートンへ

ルアーズ・マリングループのボートビルダーとしてのルーツは、1930年代、米国のニュージャージー州で船大工をしていたヘンリー・ルアーズ(Henry Luhrs)が創設した木造小型艇ビルダー、「ルアーズ・シースキフ(Luhrs Sea Skiffs)」社です。

ただ、「ルアーズ家の米国におけるビジネス」の始祖は、ドイツからの移民であった、彼と同じ名前の祖父(ヘンリー・ルアーズ)にさかのぼることができます。彼は、19世紀の前半、ニューヨークで雑貨貿易商などを営んでおり、最終的には船舶を所有するまでになっていたそうですから、広い意味でのマリンビジネスは、たしかにその時点で始まっていたといえるのかもしれません。

さて、ヘンリー・ルアーズが興したルアーズ・シースキフには、息子のジョン(John Luhrs)とウォーレン(Warren Luhrs)も参画。1960年代に入ると、同社の建造するモデルの人気も高まります。同社の

1960年代初期のルアーズ・シースキフ社。すでに量産FRPモデルがヤードに並びます

モデルは、もともとラップストレークタイプの木造艇でしたが、この時期には材質のFRP化なども行い、量産ビルダーとしての地位を確立しています。

優秀なビルダーは、当然、投資の対象となります。米国の大手木材産業の「バンガープンタ(Bangor Punta)」がルアーズ・シースキフを買収し、傘下のボートビルダーグループに組み入れたのは1965年のことです。

その後、ボートビジネスの再開の機会を狙っていたルアーズ家は、1969年、まだ小さな地方ビルダーに過ぎなかった、ニュージャージー州の「シルバートンシースキフ(Silverton Sea Skiff)」を買い取り、ボートビルダーとしての活動を再開。短期間でそれを成長させます。いうまでもなく、これが現在まで続く、「シルバートン」というブランドの原点です。

■ハンター、そしてメインシップ

ヘンリーの2人の息子のうち、ウォーレンはセールボートにも強い興味を持っており、自身もセーラーでした。彼は、シルバートンの成功を背景に、セールボートの建造を決意。

マイケル・ピータース設計、新生ルアーズ初期の290。1986〜1988年

第二世代の290は1989〜1991年。こちらもマイケル・ピータース設計

290の後を引き継いだTournament 300は自社設計。1991〜1996年

1973年には、「ハンターマリン」を立ち上げ、最初の25フィートモデルを市場へ送り出すことに成功します。

しかし、そのハンターの25フィートモデルが誕生したのと同じ1973年のオイルショックは、ボートビジネスにも大きな影響を与えます。しかし、ルアーズ家は、それを逆に好機として、ディーゼル1基掛けで経済的にボーティングを楽しむことのできる省燃費型のモデルを開発します。

1978年にシルバートンのニューモデルとしてデビューした「メインシップ34トローラー」は大ヒット。このモデルが、メインシップというビルダーの誕生につながります。

1985年(1981年説あり)には、かつてバンガープンタに「ルアーズ・シースキフ」を売却したため、ルアーズ家が使用できなくなっていた「ルアーズ」というブランドの商標権を買い戻し、翌1986年には、「ルアーズ」の名でフィッシングタイプのモデルをリリース。これにより、ルアーズ家は、現在まで続く4ブランド体制を完成し、以降、新工場の開設、各ブランドのアイデンティティの確立などを経て、現在の大手ボートビルディンググループに成長します。

■ESOPの導入

各ビルダー設立の経緯からも想像できるように、ルアーズ・マリングループは、基本的にルアーズ家が所有していました。ファミリービジネスのビルダーとしては、米国でも最大手のひとつと目されていたのですが、数年前からESOP(Employee Stock Ownership Plan)を導入し、「従業員が所有する企業」をうたっています。ボートビルダーとしては、あまり見られない例かもしれません。

ESOPは、「従業員持ち株制度」と訳されることが多いため、日本の会社の従業員持株会と混同されることもあるようですが、ESOPが、企業から従業員への報酬(の一部)として自社株を分配(企業にとっては損金扱い)し、配当や売却益を退職金に組み入れる確定拠出型退職給付制度の一種であるのに対し、日本の従業員持ち株会は、従業員がその自己資金で任意に自社株を購入する制度に過ぎないため、かなりの違いがあります。

ルアーズ・マリングループは、これまでも、医療保険制度はもちろん、確定拠出年金制度(米国では401Kプログラムなどと呼ばれる、年金資産の個別運用制度)などを

積極的に導入しており、さらに福利厚生を充実させるなどして、勤続年数の長いベテラン従業員（＝良質な労働力）を確保する方策をとってきましたが、ESOPもそういったもののひとつなのでしょう。もちろん、経営側としても、税制面などでメリットがあるはずです。

とはいえ、従業員の持ち株比率は30％ほどだそうですから、もともとルアーズ家がその株式の大部分を所有していたことを考えれば、今も実質的にはファミリービジネスに近い会社保有形態なのかもしれません。

■1986年からのルアーズ

「ルアーズ」という商標をまだルアーズ家が買い戻す以前、つまりバンガープンタが所有していた1986年以前にも、「ルアーズ」という名称でリリースされたモデルは存在しています。そういったこともあってか、1986年以降もしばらくの間は、その時代のラインナップを受け継ぐようなモデルは存在していました。

経営形態が変わった1986年以降に登場するモデルは、それ以前のラインナップを受け継ぐようなものでも、フィッシングを意識したものが中心になるのですが、現在のルアーズのような、曲線的な上部構造と大きな船首のフレアを持つ、いわゆるカロライナ・スタイルのスポーツフィッシャーマンやコンバーチブルではありませんでした。当時、頭角を現してきたデザイナーの（そして、現在ではトップデザイナーの）、マイケル・ピータース（Michael Peters）の意欲的な設計を採用したものなどもあり、そのスタイリングやアレンジは、個性的なものも多かったのです。

また、シルバートンのラインナップとそれほど違わないようなタイプのセダン系モデルもありましたし、実質的にはコンバーチブルながら、あえて「モーターヨット」という名称にしているものもあり、ブランドのアイデンティティを確立するまで、あるいはユーザーが同社に求めるものを把握するまで、さまざまな試行が行われたことをうかがわせます。

ルアーズのラインナップが、現在のようなスタイルのものに変わったきっかけは、1988年に登場したトーナメント320でした。このモデルは、32フィートクラスという、コンバーチブルとしては最小クラスのモデルながら、カロライナ風の、曲線的で抑揚の強いスタイリングが与えられていたことなどから多くのユーザーに支持され、大ヒット作となります。

この32フッターがデビューした翌1989年には、同じニュアンスのトーナメント380（後のトーナメント400）が、さらに1990年にはトーナメント350が登場。それらに加えて、パームビーチスタイルのスポーツフィッシャーマンなどもデビューさせ、トラディショナルなスタイルのモデルでラインナップを構成。同社のラインナップの中核は、これらのモデルのニュアンスを受け継ぐものとなります。

*

2009年現在、30フィートクラス（名称は「28」）のエクスプレスフィッシャーマンから、42フィートクラス（名称は「41」）のコンバーチブルまで、ミドルクラスだけで構成されたラインナップは、全7モデル。すべてカロライナスタイルです。

なお、一時期は、44フィートクラスや50フィートクラスのコンバーチブルもありましたが、現在はラインナップされていません。

1988年に登場し、その後のルアーズの方向性を決めたTournament 320

25フィートクラスでパームビーチスタイルを採用したTournament 250 Open

2008年デビューの35 Convertible。タンブルホーム形状のトランサムを持つモデル

2009年現在のフラッグシップは41 Convertible

ラインナップの最小モデルとなる28 Open

Luhrs Corp.
(Luhrs Marine Group)
http://www.luhrs.com/

055

マグナム
MAGNUM

U.S.A. ● アメリカ

ドン・アロノウが設立したパフォーマンスボート・ビルダーから、
高級スポーツクルーザーを専門に建造するビルダーへ。
強烈な個性を放つ大型パフォーマンスヨットをラインナップ。

■アロノウのマグナム

　現在のマグナムは、大きくかつゴージャスなスポーツヨットとして、米国やヨーロッパの本物のセレブリティたちに受け入れられている存在ですが、そのルーツは、米国の有名なレーサーであり、また、パフォーマンスボートビルダーを次々に設立した人物としても知られている、ドン・アロノウ（Don Aronow）が建造したオフショアレーシングボートです。

　アロノウは、新しいレーシングボートを建造し、好成績を残すと、そのビルダーを売却し、新しいビルダーを立ち上げています。マグナムも例外ではなく、27フィートと35フィートのレーシングボートを1966年に建造したのが始まりで、それがチャンピオンシップを獲得するや否や、1968年に会社は売却されています。

　最初のモデルのデザイナーは、ジム・ウィン（Jim Wynne）。アロノウは、それ以前からウィンとコンビを組んで新艇を開発してきましたが、マグナムも同様でした。

■セオドリのマグナム

　マグナムを購入したのは、米国の「APECO（Amercan Photocopy Equipment COmpany）」という複写機器や用品の会社で、この時期から、ボートやキャンピングトレーラーのビジネスを始めたところでした。しかし、1970年代に入ると業績は悪化。1973年のオイルショックの影響などもあり、1977年にはAPECO自身が倒産してしまいます。

　ただ、幸いなことに、業績悪化が見え始めたところで、アロノウはAPECOからマグナムを買い戻しており、その影響を直接に受けることはなかったようです。

　1970年代、同社のプロダクションの多くを販売していたのが、広告事業で成功を収めた後にボートビジネスの世界に入ったという、フィリッポ・セオドリ（Filippo "Ted" Theodoli）でした。セオドリは、ヨーロッパの顧客からの要望をもとに、当時、38フィートクラスまでだったラインナップの大型化を主張。最終的には、1976年にマグナムを買収し、自身がビルダーとなることで、それを実現します。

　広告事業で成功した経験を生かし、もっぱらマグナムをアピールするための表舞台に立っていたセオドリに対し、実際に会社のマネージメントを行っていたのは、夫人のカトリーン（Katrin Theodoli）だったといわれています。彼女は、結婚前、マグナムのミラノ・オフィスを任されていたスイス出身の女性で、文学と語学の修士号と現代史の博士号を持ち、英語、イタリア語、フランス語など6カ国語に精通。技術面についても、ミラノ時代から知識を得ていたようです。

ピニンファリーナ・デザインのMugnum 80。広報写真は、必ずカトリーン自身が操船

1982〜1996年のラインナップ、Magnum 40。日本に輸入されたことがあります

　1990年、セオドリは突然亡くなりますが、マグナムはそれ以降もカトリーン・セオドリのリーダーシップのもとで、変わらずに発展を続けており、まだ計画段階に過ぎない、非常に高価な90フッターにも、3艇のオーダーがあったとのこと。

　独自のコンセプトにもとづく、個性的な大型パフォーマンスモデルを揃えたビルダーです。

Magnum Marine
http://www.magnummarine.com/

056 メインシップ
MAINSHIP

U.S.A. ● アメリカ

オイルショックをきっかけに誕生した、燃費重視型モデルがルーツ。
一時期は、ラインナップをごくモダンなモデルへシフトしたものの
再びトラディショナルなクルーザーのビルダーに。

○ メインシップは、現在、ルアーズ・マリングループというグループ企業傘下のビルダーのひとつです。同グループのことや、その創設者であるルアーズ家については、88ページの「ルアーズ」の項に記してありますので、そちらを参照してください。

■オイルショックがきっかけ

メインシップは、1977年にシルバートンから分離するかたちで設立されたビルダーです。

1970年代の初め、ルアーズ家は、セールボートの「ハンター」と、モーターヨットの「シルバートン」の2ビルダーを抱えていたのですが、1973年のオイルショックをきっかけに、より少ない燃料消費で長時間のクルージングを楽しむことのできるモデルの市場へ着目。ディーゼルエンジン1基掛けで、速度よりも燃費などを重視したクルーザーを開発します。前述したように、1977年には（当初はシルバートンの一部門というニュアンス）新ビルダーを設立。そしてその第一弾として登場させた1978年モデルが、「メインシップ34モータークルーザー」でした。

34 Pilot。このシリーズは、31〜45フィートクラスで構成されています

設計は、それ以前からハンターのセールボートの設計を手がけていたジョン・コルビニ（John Cherubini）。彼は、その後もこのシリーズの設計を続け、後継となった2世代目、3世代目の34フッターに加え、ひと回り大きな40フッターも設計しています。

■そしてトローラータイプへ

34モータークルーザーは、10〜11ノットが常用速度となるようなタイプで、当時のモータークルーザーの中でも、速度の遅いモデルではありましたが、燃費は非常に良かったようで、通常の燃費は、時間あたり10ガロン（37.85リットル）を容易に切ることができたといいます。

このモデルの好評を受けて、メインシップはラインナップを拡大。1980年代に入ると、30フィートクラスと40フィートクラスのモデルを追加して、幅広い需要に応える体制を作り、またアフトキャビンタイプのモデルなども導入します。

そんなメインシップのラインナッ

プに変化が起きたのは1988年。同社は、当時、意欲的なモデルを生み出すデザイナーとして注目されつつあったマイケル・ピータース（Michael Peters）の設計を採用。それまでのラインナップとはまったく異なる方向性の、スタイリッシュでモダンなセダンやエクスプレスを登場させています。ちなみに、この時期は、ルアーズやシルバートンでも彼のデザインを採用していました。

ただ、それら一連のモデルは、ユーザーがメインシップというビルダーに期待するものとは違っていたのかもしれません。その後、ラインナップは、一般的なクルーザーとなり、さらにトローラータイプのモデルへと変化して、現在に至っています。

2009年現在、メインシップのラインナップは、「パイロット」と「トローラー」を中心とした7モデル。トラディショナルなタイプのみです。

フラッグシップの45 Trawler。従来、43と呼ばれていたモデルの最新版です

Mainship Corp.（Luhrs Marine Group）
http://www.mainship.com/

057 メイコ
MAKO

U.S.A. ● アメリカ

1960年代後半に誕生した、スポーツフィッシャーマンビルダー。
1994年には、一旦、その活動を停止するものの、
その後、トラッカー・マリングループの傘下として復活。

■当初から5モデル

「Mako」は、ボート業界内だと「メイコ」と発音されることが多く、本書でもそちらを用いますが、米国でも、この名のもととなった「mako shark（アオザメ）」と同様に、一般には「マコ」と読まれることが少なくないようです。

同社は、1968年にロバート・シュエブカ（Robert Schwebke）が設立したビルダー。最初から、4モデルの船外機仕様と1モデルのインボード仕様をラインナップしています。

いきなり5モデルをラインナップした同社ですが、翌1969年にはそれが3モデルに減少。さらに1970年になると、シュエブカは同社を売却します。ところが、1976年には再び買い戻していたようで、このあたりの事情は、いまひとつ分かりません。

1970年には3モデルだったラインナップですが、シュエブカが同社を再買収した1976年には12～26フィート、12モデルに増えており、その間に、相応の資本投下と設備の充実が図られていたことは確かです。

■現在はトラッカーの傘下

同社がスポーツフィッシャーマンの世界でその認知度を高めた理由のひとつは、1970年から行われてきた「ファナメント（Funament）」でしょう。「ファン（fun＝楽しみ）」と「トーナメント（tournament）」を合わせた造語の名称で呼ばれるこの催しは、ある種のオーナーミーティングなのですが、これをビルダー自身が積極的に主催（約30年間に600回）。メイコにとっては、きわめて有効なプロモーション活動になったようです。

1980年代に入ると、同社はさらにそのラインナップを拡大します。センターコンソールはもちろん、バウカディタイプのエクスプレスフィッシャーマンも充実。ウォークアラウンドも投入されました。また、それまで「23」のみだったインボード仕様にも28フィートクラスを追加。さまざまなタイプの小型スポーツフィッシャーマンを抱えるビルダーとなります。

しかし、1990年代の不況や米国内のラクシャリータックス（luxury tax＝奢侈税）の影響は大きく、1994年には倒産。その後、施設は新会社（名前は同じメイコ）の手に渡り、生産は復活しますが、体制は再三変化し、最終的に同社が安定を取り戻すのは1997年。大手フィッシング用品販売会社の「バス・プロ・ショップ」の創設者であり、バスボートビルダーの「トラッカー（Tracker）」を保有していたジョニー・モーリス（Johnny Morris）が、その経営権を把握してからということになります。

＊

現在のメイコは、「トラッカー・マリングループ」の一員ですが、かつてそうであったように、さまざまなモデルをラインナップ。小型スポーツフィッシャーマンの総合ビルダーというべき存在です。

2009年現在のラインナップには、オフショア向きのセンターコンソールやウォークアラウンドのほかに、平静な水面向きのフラットボートのようなモデルも数多く含まれています。

現行の171CCは、ビルダー創設以来、ほとんど変わっていない超古参モデルです

フラッグシップの284EXP。同じハルを用いたセンターコンソールもあります

Mako Marine International
http://www.mako-boats.com/

058

マクサム
MAXUM

U.S.A. ● アメリカ

USマリングループがブランズウィックに買収された翌1987年、同グループ内に設立。
ブランズウィックのビジネス戦略の中で誕生したという印象を受けるところはあるものの、
着実な成長を果たし、現在では中堅ファミリーボートビルダーに。

■USマリンの新ビルダー

ベイライナー（Bayliner）やフォース（Force）船外機を中核としたビルダーグループであるUSマリンは、1986年、ブランズウィックによって買収されました。そして、その翌1987年、そのUSマリングループ内に新ビルダーとして設立されたのがマクサムマリンでした。

マクサムは、当時、大人気ブランドとなっていたベイライナーのラインナップを補完しつつ、その上級ブランドとして位置づけられるもの、と発表されていました。しかし、ボート業界の関係者の間では、むしろブランズウィックのビジネス戦略のほうが話題になっていたことも確かです。

もともと、USマリングループは、OMCのガソリンエンジンや同グループ内のフォース船外機を用いており、ブランズウィックの傘下となった後もそれまでと同様でした。しかし、これは同グループ内のマークルーザー／マーキュリー・エンジンの供給先としてUSマリングループを考えていたブランズウィックとしては、ライバル関係にあったOMCグループのエンジンを用いることも含め、あまり好ましい事態ではありません。そこで、急遽、ブランズウィック自ら、USマリングループ内に立ち上げたのがマクサムだった、といわれています。ちなみに、その後、USマリンのモデルが搭載するエンジンは、マクサム以外も、マークルーザー／マーキュリーが中心になっていきます。

■10年でラインナップを完成

マクサムの最初のモデルは17フィートクラスのランナバウトでしたが、すぐにそれもサイズアップが図られ、20フィートクラスや23フィートクラスのモデルが加わります。また、1990年代に入ると、23フィートクラスや25フィートクラスのエクスプレスクルーザーも加わり、ファミリーボートビルダーとしての体裁を整えていくことになります。

1994年には、ラインナップのフラッグシップとなる32フィートクラスのエクスプレスを発表。さらに37フィートクラス、41フィートクラスと大型化が図られ、1997年には、46フィートクラスのセダンをラインナップするとともに、41フィートクラスのセダンやアフトキャビンも登場させ、設立10年にして、17フィートクラスのランナバウトから、46フィートクラスのセダンまでをラインナップする、中堅総合ボートビルダーに成長します。

*

2003年、ブランズウィックは新たに「メリディアン（Meridian）」というモーターヨットのブランドを立ち上げます。当初、このブランドは、ベイライナーとマクサムの中〜大型モーターヨットなどを統合したものとされ、マクサムは、2002年をもって、そのラインナップからセダンタイプのモデルを抹消。ただし、エクスプレス系モデルについては、変わらずラインナップされており、2009年現在、同社は17〜37フィートクラスをラインナップする、総合ファミリーボートビルダーとして活動を続けています。

現在のフラッグシップは37フッターの370SY。ミドルレンジのファミリー向けエクスプレスです

1980年代末、初期ラインナップのフラッグシップは、27フィートクラスの2700SCR

Maxum Marine
（Brunswick Family Boat）
http://www.maxumboats.com/

059

ミノア
MINOR

Finland ● フィンランド

1967年の創設以来、独自のコンセプトでボートを建造してきた、ファミリー・ビジネスによるフィンランドのビルダー。年間生産数は80艇程度ながら、その75％を輸出。

■1967年創設

ミノアは、フィンランドのボートビルダー、サリンズ・ボータル社がラインナップする、プレジャーボートシリーズのブランドです。なお、ブランド名の「Minor」は、フィンランドでは「ミノル」に近い発音がされているようですが、本書では、同ブランドのモデルの輸入者の表記に従い「ミノア」としています。

「サリンズ・ボータル（Sarins Båtar）」という社名は、フィンランドの公用語のひとつであるスウェーデン語で、英語に直すと「サリンズ・ボート（Sarin's Boats）」というところ。サリン家がそのファミリー・ビジネスとして経営するビルダーです。

創設は1967年。創設者はエドゥ・サリン（Edy Sarin）。当時の先端素材であったFRPの可能性を探っていたエドゥ・サリンが、その実用性を確かめるために、自身のボートを建造したのが始まりだったといいます。

ミノアと名づけられた最初のプロダクションは、ミノア650。このモデルは、小型ではありましたが、どうやらアフトキャビンなども備えるクルージングモデルだったようです。

その2年後に建造されたミノア700はウォークアラウンドタイプ。デザイナーはスウェン・リンドクイスト（Sven Lindkvist）で、その後、このモデルのアレンジやアコモデーションは、ミノアのスタンダードとなり、現在まで続く、パイロットハウス型モデルの始祖となりました。

■新しい世代のモデルも登場

現在の同社は、2カ所の生産施設を持ち、それら2カ所を合わせた年間の生産量は約80艇。量産艇ビルダーとしては、生産量が多いほうではありませんが、建造されたモデルの75％が輸出されているそうですから、国内よりも海外における評価のほうが高いということなのかもしれません。主なマーケットはヨーロッパですが、ディーラーは北米にもありますし、最も新しいプレジャーボートのマーケットとして注目されている、ロシアにも存在しています。

2008年現在、ラインナップは全8モデル。21フィートクラスから37フィートクラスで構成されています。

同社のモデルは、ラップストレーク・タイプの木造艇を模したような外観のハルと、前傾した前面ウインドウを備えるパイロットハウスの組み合わせが特徴でしたが、ここ2〜3年の間に登場した新しい世代のモデルでは、パイロットハウスの形状こそ（現代的なスタイルにアレンジされて）継承されたものの、ラップストレーク風のハルはより一般的なものに変更されました。これは生産性などへの配慮もあると思われます。

アコモデーションは、スカンディナビアのモデルらしく工夫に満ちたものとなっており、小型のモデルでも、十分な居住性が確保されています。内装はFRPのライナーで全体を成型し、要所要所にチークを用いたもので、小型艇においては、もはや古典的なスタイルというべきですが、それが似合うラインナップでもあります。

2008年ラインナップの最小艇、21WR。小型ながらも個性的なモデルです

2007年にデビューした37は、新しいスタイルのハルを用いた新世代のモデル

Sarins Båtar
http://www.minor.fi/

モキクラフト
MOCHI CRAFT

Italy ● イタリア

もともとは、1960年創業のイタリアのクルージングボートビルダー。1998年に生産を停止した後、2001年からはフェレッティ・グループの傘下で、ダウンイーストスタイルの高級モーターヨットを建造。

◾1960〜1998年

モキクラフトは、1960年に創設されたビルダーです。同社のモデルは、創設後、比較的早い時期から注目を集め、ラインナップも徐々に拡大。1980年代には50フィートクラスのモデルまでを抱え、そのインテリアやスタイリングについては、世界でもトップクラスにあったイタリアのクルーザーの中でも、特に注目される存在に成長しています。

1990年代に入ると、オフショアレーシングボートから大型モーターヨットまでさまざまなモデルを手がけていたイタリアのデザイナー、パオロ・カリアリ(Paolo Caliari)に設計を依頼。高い航走能力やスタイリング、さらに先進的なインテリアなどが備えた、新世代のモデルがラインナップに加わりました。

この頃のモキクラフトは、日本にも輸入されています。

しかし、同時期に始まった世界的な不況は、ちょうどラインナップの刷新にとりかかったモキクラフトにとって、決して好ましいものではなかったはずです。同社の新世代モデルは、イタリア国内はもちろん、輸出先でも好評だったようですが、経営的には必ずしも順調ではなかったようで、体制の変化などもあったことから、最終的には、1998年で生産を停止。同社の歴史は、ここで一旦途絶えます。

◾新生モキクラフト

イタリアのフェレッティ・グループがモキクラフトの買収を発表したのは2001年。2003年には、新生モキクラフトの最初のプロダクションとなる「ドルフィン51(Dolphin 51)」が登場。さらにその後2年ほどの間に、「74」と「44」が加えられます。

このドルフィンシリーズには、さらに「54」と「64」がラインナップされ、2009年現在は全4モデル。最初に登場した「51」は、すでにフェードアウトしています。

ドルフィンシリーズの設計は、ブルネッロ・アカンポラ(Brunello Acampora)が率いる「ビクトリーデザイン(Victory Design)」。同社は、モキクラフトと同様にフェレッティ・グループの傘下で高級モデルをラインナップしているアプレ

1990年にラインナップにされた44は、斬新なインテリアが注目されたモデル

アマーレ(Apreamare)の新世代モデル群なども担当しています。

スタイリングは、米国のダウンイーストスタイルのモデルに似た、大型のロブスターボートというニュアンス。絞り込まれた小さなトランサムは、あきらかなタンブルホーム形状となっており、全体にクラシカルな雰囲気です。先進的なスタイルのものが多いイタリアのクルージングボートの中では、異色の存在かもしれません。

*

2009年現在のモキクラフトのラインナップには、ドルフィンシリーズとまったく異なるコンセプトのロングレンジクルーザーが1モデルだけ存在しています。「ロングレンジ23(Long Range 23)」と名づけられたこのモデルが、今後、どういった位置づけになっていくのか、注目したいところです。

Dolphin 64は2007年に登場。このモデルにはFBタイプもあります

Mochi Craft
http://www.mochicraft-yacht.com/

モントレー
MONTEREY

U.S.A. ● アメリカ

1980年代半ばに、大手ビルダーを退職したマーシャル兄弟が設立。
ファミリー向けのスポーティーなランナバウトやエクスプレスクルーザーを中心に、
短期間でラインナップを拡大することに成功。

■短期間で成長

モントレーは、チャールズとジェフのマーシャル兄弟（Charles Marshall、Jeff Marshall）によって創設されました。創設年は1985年。まだ若いビルダーに数えられる同社ですが、短期間で大きく成長したビルダーとして、注目される存在でもあります。

現在の同社はフロリダ州レヴィー郡のウィリストン（Williston）にある「インダストリアルパーク」内最大規模の生産施設を持つ企業です。レヴィー郡のビジネス資料（2006年版）によると、従業員数は約500人。同郡内の一般企業としては最大の雇用規模となっています（全法人中では2番目。トップは教育機関）。個人経営のビルダーとしては、決して小さなほうではありません。

マーシャル兄弟は、もともと米国の大手ビルダーのひとつであるシャパラルの社員だったのですが、そこを退職してこのビルダーを興しています。彼らは、2人とも「会長兼最高経営責任者（Co-Chairman／CEO）」という立場で会社を運営。完全に同格の共同経営者というかたちをとってきました。比較的最近（2008年3月）の資料でも、この兄弟が同格の共同経営者という経営形態に変化はないようです。なお、2008年の資料では、この2人のCEOに次ぐ地位となる社長は、ロバート・ピタ（Robert Pita）という人物となっています。

■ファミリー向けモデル中心

モントレーが最初に建造したのは、19フィートクラスのバウライダーとバウカディという2モデルでしたが、短期間でそのラインナップを19〜23フィートクラスに拡大。1989年には、「2700 PC」と名づけられた、同社初のクルーザーをラインナップし、翌年からファミリークルーザーをシリーズ化。1998年には30フィートを超えるクラスのモデルをラインナップに加え、その後もラインナップを徐々に大型化。2009年現在のフラッグシップは、実全長が41フィートのエクスプレスクルーザーです。

とはいえ、同社のラインナップの主力が、現在もランナバウトなどの小型スポーツ系モデルであることに変わりはありません。

全部で24モデルとなる2009年のラインナップ中、クルーザーは8モデル。他の16モデルはランナバウト系モデルで、しかもそのうちの12モデルは、1モデルのデッキボートを含むバウライダー・タイプです。

米国における、ファミリーボートの現状がそのまま現れているようなラインナップということができるでしょう。

＊

構造部分から木材を廃して基本艇体の長寿命化を図り、フォーム充填による不沈性能の向上を狙うなど、最近の米国のファミリーボートに求められる、メインテナンスの容易さや安全性などにもしっかりとした配慮をしており、そういったことがまた、同社のファミリーボートビルダーとしての評価の高さにもつながっているようです。

254FSXは、同社を代表するスポーティーなバウライダーのひとつ

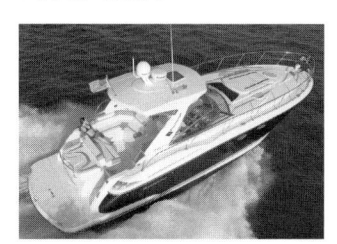

ラインナップ中最大の400SYは、大型化するファミリークルーザー市場に対応

Monterey Boats
http://www.montereyboats.com/

062

ニンバス
NIMBUS

Sweden ● スウェーデン

ボルボ・ペンタのパワーユニット市場開拓のために建造されたモデルを
そのルーツとして誕生した、クルージングボートビルダー。
現在は、傘下に複数のビルダーを抱えるグループ企業に成長。

◼︎ボルボ・ペンタの戦略

「ニンバスボート(Nimbus Boats)」というビルダーが設立されたのは1977年で、これは同社の公式な設立年です。しかし、ビルダーが設立される以前から、「ニンバス」と名づけられたボートは存在していました。

1959年1月のニューヨークボートショーにおいて、スウェーデンのマリンエンジンメーカーであるボルボ・ペンタ(Volvo Penta)は、「アクアマティック(Aquamatic)」と名づけられたスターンドライブ・パワーユニットを発表します。

トランサムのドライブユニットを船内のエンジンで駆動する方式そのものは、それ以前からさまざまな試行があったのですが、それを現在のスターンドライブとほぼ同じ形式で完成させたのは、米国のボートデザイナー、ジム・ウィン(Jim Wynne)であり、それを商品化したのが、このボルボ・ペンタのアクアマティックです。

そのルーツと同じオープンタイプのダブルキャビンは1990年代にも存在。DC 35

ビルダー設立後の1979年、早々にモデルチェンジが行われた、新型Nimbus 26

ただ、米国はまだしも、当時のヨーロッパにおいて、この新鋭パワーユニットを含めたボルボ・ペンタのエンジンラインナップに適したモデルはそう多くなかったようで、それが同社のマーケティング戦略にとって、障害となることが予想されました。

そういったことが徐々に顕著化しつつあった1960年代の後半、1949年以来ボルボ・ペンタの社長を務め、アクアマティック開発の推進者でもあったホーラッド・ヴィークルンド(Harald Wiklund)は、自身がボートを建造し、それによって自社製パワーユニットに適したモデルのあり方を示そうと考えます。

ヴィークルンドが設計を依頼したのは、セーラーにしてデザイナーのペレ・ペッターソン(Pelle Petterson)でした。当時の彼は、1964年の東京オリンピックのディンギー競技(スター級)で銅メダルを獲得したメダリストであり、また、1961年に発売された(自動車の)ボルボ史上に残るスポーツクーペ、「P1800」のデザインを担当した人物でもありました。

彼が設計したのは、26フィートクラスのクルーザー。このモデルは1969年に発表されますが、モデル名は、ペッタソーンが設計中に用いていた名称がそのまま採用され、「ニンバス26」と呼ばれることになります。

◼︎ビルダーの設立

ニンバス26は、発売と同時に好評を博し、1970年のボート・オブ・ジ・イヤーを獲得。その後も1978

1969年にボルボ・ペンタの販売戦略から誕生したNimbus 26

98

年まで販売され、1979年には、そのコンセプトを受け継ぐ新型にモデルチェンジされることになります。

初代のニンバス26がまだ継続して販売されていた1977年、このモデルを企画したボルボ・ペンタ社長、ホーラッド・ヴィークルンドの2人息子、ハンス・ヴィークルンド（Hans Wiklund）とローシュ・ヴィークルンド（Lars Wiklund）がボートビルダーを立ち上げます。それが現在まで続く「ニンバスボート」です。

初代のニンバス26は、さっそく同社のラインナップに組み入れられ、ニンバスボートというビルダーの最初のプロダクションになります。前述したように、1979年には新型となり、より洗練されたスタイリングになるとともに、アフトキャビンを廃したエクスプレスクルーザー・タイプのモデルもラインナップに追加。また、「ターボ（turbo）」と名づけられたモデルも登場しますが、これは搭載するボルボ・ペンタのディーゼルエンジンがターボチャージャー付きの強力なものになったことを受けた結果です。

1980年代に入ると、24フィートクラスや30フィートクラスも登場し、同社のラインナップはさらに拡大。この頃から、ニンバスはその設計の多くをロルフ・エリアソン（Rolf Eliasson）に託し、同社のラインナップのアイデンティティは、エリアソンによって形づくられていきます。なお、エリアソンは、

ファミリーユーザー向きのクーペは現在の主力。335 Coupeはその最新モデルです

2003年デビューの410 Commanderはストレブロにも同じモデルが存在する共同開発

それ以来、現在までニンバスの設計に参画しています。

ビルダーグループを形成

ニンバスの経営面での大きな転機は、1999年でした。

当時、すでにニンバスはスウェーデンにおけるトップビルダーのひとつと目される存在になっていましたが、その同社と、モーターヨットビルダーの「ストレブロ（Storebro）」、セールボートビルダーの「マキシヨット（Maxi Yachts）」、小型船外機艇の「リッズ（Ryds）」が業務提携を行い、ビルダーグループを形成したのです。このグループは、その後、ニンバス傘下のボートビルディンググループというニュアンスになります。

そして、もうひとつは、ニンバスとそのグループ全体に対する、外部からの資本参加が行われるようになったことです。

もともと、ニンバスボートの株式は、創設者であるハンス・ヴィークルンドとローシュ・ヴィークルンドの兄弟が保有していましたが、スウェーデンの投資組織である「アルトル・イクイティ・パートナーズ（Altor Equity Partners）」が資金を投入して経営に参画。2006年には、ア

ルトルの保有株が60％、もともとのオーナーであったハンスとローシュのヴィークルンド兄弟の保有株が40％という割合になっています。

*

2008年の4月、ニンバスボートはフィンランドでユニークなモータークルーザーを建造する「パラゴンヨット（Paragon Yachts）」を買収。翌5月に「マキシヨット」を売却しています。これにより、同社が抱えるビルダーグループからセールボートビルダーはなくなり、もっぱらモーターヨットやモーターボートを建造するもののみとなりました。

2009年現在、ニンバス・ブランドでラインナップされているのは15モデル。「コマンダー（Commander）」、「クーペ（Coupe）」、「ノバ（Nova）」、「R」など、それぞれに異なる特徴を持つシリーズに分けられており、40フィート超クラスのクルーザーから、20フィート台前半のオープンモデルまで、さまざまなタイプが用意されています。スカンディナビア流の総合ボートビルダーというところでしょうか。

Nimbus Boats
http://www.nimbus.se/

ヌーサキャット
NOOSA CAT

Australia ● オーストラリア

そのビルダーのハルを用いた半自作艇の建造がきっかけで、経営者となったウェイン・ヘニグが率いるカタマラン・ビルダー。オフィシャル向けのモデルやプロ用フィッシングモデルも建造。

■シャークキャット

　ヌーサキャット・オーストラリアという、カタマランパワーボートを専門に建造するビルダーが誕生したのは1990年ですが、このビルダーは、もともとシャークキャット（Shark Cat）というブランドのモデルを建造するビルダーでした。

　ブルース・ハリス（Bruce Harris）によって、シャークキャットの建造が始まったのは1972年。当時としては、比較的大きなクラスまでを含むそのカタマラン・ラインナップは、強靭で、安定性があり、乗り心地も良好というところから、シャークキャットはさまざまな場面で用いられるようになり、さらにオーストラリアのコーストガードや、レスキュー組織などにも採用されます。

　シャークキャットは、オーストラリアのカタマランの中でも、より多くのユーザーに注目される存在となりますが、そういった状況の中、創設者のブルース・ハリスが引退。強力な牽引者を失ったことにより、シャークキャットは、徐々にマリンシーンの主流から外れていきました。1980年代の初めのことです。

■半自作からビルダーへ

　シャークキャットが少しずつその勢いを失いつつあったちょうどそのころ、ウェイン・ヘニグ（Wayne Hennig）は、シャークキャットからまだパーツ状態の船殻などを購入し、それを自分で組み立て、仕上げることによって、彼自身の望む機能やスタイルのボートを造りだしました。

　いわゆる半自作艇という位置づけのヘニグのボートでしたが、どうやらその出来はかなり良いものだったらしく、すぐに同じ手法でボートを建造するように依頼がきます。ヘニグとしては、そういった依頼を受けるつもりはなかったようで、あえて高い値段をつけたりしたようですが、それでも依頼を続ける顧客のため、最終的にはボートを建造。その結果、さらに多くの注文が舞い込むようになります。

　やや変則的なかたちではありましたが、ヘニグはシャークキャットの最大顧客となり、1990年、最終的にはシークキャットというビルダーそのものを買収。それによって誕生したのが、ヌーサキャットです。ちなみに、ヌーサ（Noosa）というのは、同社の本拠があるオーストラリアのクイーンズランド州の地名のひとつです。

＊

　ヘニグのヌーサキャットは、その設立間もないころに、オーストラリアの陸海軍との契約を締結。オフィシャルユースのモデルの生産に注力することで、1990年代半ばの世界的なボート不況の最中でも、順調に規模を拡大したといいます。現在でも、オフィシャル向けのモデルは、プレジャーモデルやプロ用フィッシングモデルとともに、同社の主力プロダクションのひとつとなっています。

　ラインナップは18〜50フィート。10クラスのハルに、さまざまなタイプの上部構造を組み合わせたもので、基本的に、オフィシャル向けのものも同じハルを用いているようです。

2600シリーズ（26フィートクラス）のハルを用いたコーストガード仕様艇

ハルには浅いセンタースポンソンが備わります。写真は4400シリーズのWalkabout

Noosa Cat Australia
http://www.noosacat.com.au/

ノードヘブン
NORDHAVN

U.S.A. ● アメリカ

1970年代に台湾製セールボートの輸入を開始。
セールボート市場の縮小を見こしてモータークルーザーを開発し、
独自のコンセプトのロングレンジモデルでラインナップを構築。

■台湾とのリレーションシップ

ノードヘブンをラインナップするパシフィック・アジアン・エンタープライズ(Pacific Asian Enterprises。以下、PAE)は、1970年代の半ばにカリフォルニア州で誕生した小さなブローカーがその前身。創設者は、それ以前からの友人であり、ともに経験豊富なセーラーのジム・リーシュマン(Jim Leishman)とダン・ストリーチ(Dan Streech)の2人にジョー・メグラン(Joe Meglen)を加えた3人でした。なお、ブランド名の「Nordhavn」はノルウェー語で「北の港」の意。原発音は「ノールハウン」です。

当初は、台湾ビルダーの建造するセールボートの輸入が主な仕事でした。当時の台湾ビルダーのモデルの品質は、現在のそれとは比べものになりませんでしたが、PAEはそういった製品を彼ら自身で改修するとともに、ビルダーに対しても具体的な指導をすることで、少しずつ品質を向上。その後、台湾に品質を重視する新鋭ビルダーが誕生したこともあって、ビジネスは順調に発展します。なお、PAEという社名は、1970年代の後半くらいから使われるようになっています。

■ノードヘブン46

1987年には、ジム・リーシュマンの弟で、大学で専門的にボートビルディングを学んだジェフ(Jeff Leishman)がPAEに参画。セールボート市場が縮小傾向にある時期だったこともあり、PAEは、さっそく彼にモータークルーザーの設計を任せます。そして完成したプランは46フィートクラスのタグボート風モデルでした。

ところが、徹底してロングレンジクルーザーとしての性能を追及したこのモデルは、最大で3,000海里という長大な航続距離を持つ一方、エンジンは135馬力、最高速は8ノット程度で、独自の機構や機能などもあり、(当時の)モータークルーザーとしては異質なモデルでした。そのため、それまでずっと同社の扱うセールボートを建造してきた台湾のタ・シン・ヨット(Ta Shing Yachts)にも建造を断られるくらいだったといいます。しかし、新進ビルダーであった台北のサウスコースト・マリン(South Coast Marine)が建造を引き受け、1989年、このモデルは「ノードヘブン46(Nordhavn 46)」としてデビュー。現在まで続くシリーズの第1号艇が誕生します。

*

1990年代前半は、多くのビルダーと同様にPAEも「ボート不況」の影響を受けますが、その後、ロングレンジクルーザーが注目されるようになると、同社の建造する

小型貨物船のようなスタイルで非常に人気の高いNordhavn 62は1995年デビュー

シリーズを代表する一艇、Nordhavn 72。2005年にラインナップされました

モデルの人気は急上昇。人気の上昇とともにラインナップは拡大され、現在は、(計画中のものも含めて)40～120フィートクラスに15モデルを擁しています。

PAEは現在も自社工場を持たず、そのラインナップのほとんどは、台北から中国本土の厦門(アモイ＝Xiamen)に本拠を移して「ニュー・サウスコースト・マリン」となったかつてのサウスコースト・マリンと、セールボート時代からのリレーションシップを持つ、台湾のタ・シン・ヨットが建造しています。

Pacific Asian Enterprises
http://www.nordhavn.com/

065 ノルディックタグ
NORDIC TUGS

U.S.A. ● アメリカ

オイルショックをきっかけに省燃費型クルーザーを建造。
タグボートスタイルのモデルのみのラインナップは、
26～54フィートクラスをカバー。

Nordic Tug 37は、ラインナップの中間的なクラス。写真はフライブリッジ仕様

フラッグシップのNordic Tug 54。3ステートルームか2ステートルームかを選択可能

■オイルショックがきっかけ

ノルディックタグ社は、それまで米国ワシントン州のシアトル近郊にあるウッドゥンヴィル(Woodinvill)でクラシカルなセールボートのビルダーを営んでいたジェリー・ハステド(Jerru Husted)が1979年に興したビルダーです。

ハステドは、1973～1974年のオイルショックの際、少ない燃料消費量でも長距離を走ることのできるモータークルーザーの必要性を痛感。友人でもあるデザイナーのリン・シノー(Lynn Senour)の基本設計で、タグボートを模した1930年代風のクラシカルな外観の26フッターを建造します。これがノルディックタグの第1号艇となりました。

この26フッターは、ノルディックタグが設立された翌1980年にシアトル・ボートショーに出品されて好評を博し、ノルディックタグというブランドが多くのユーザーに注目されるきっかけとなりました。そして、1985年には、26フッターと同じタグボートスタイルながら、もうひと回り大きく、性能的にも優れた32フッターをリリース。ノルディックタグのシリーズ化が図られました。

ノルディックタグは1990年に施設拡大のために、現在の本拠が置かれているバーリングトン(Burlington)へ移転。より大きなモデルの建造を開始し、そのラインナップには、「42」や「37」といったモデルが加わりました。

■輸出アウォード受賞

創設者のハステドは、1996年に経営権をジム・クレス(Jim Cress)に売却しています。ハステド自身は、その後も2003年まで完成艇のテストなどを進んで引き受け、さらに2007年まで非常勤の役員として同社の開発などの手助けをしていました。

1996年に経営権を移譲されたクレスは、もともとシアトルでノルディックタグのディーラーを経営しており、ノルディックタグというビルダーについても、また、そのプロダクションそのものついても、十分に知っている人物でした。

会社のオーナー兼CEOとなったクレスは、プロダクションの品質を向上させるとともに、輸出にも力を入れます。そして彼の輸出振興策は成功。ノルディックタグ社は、その輸出実績が認められ、2008年の5月に米国商務省の輸出に関するアウォード(Export Achievement Award)を受賞しました。

しかし、2008年の10月、ジム・クレスは交通事故で突然に逝去。ノルディックタグ社は、会社のオーナーとCEOを一度に失うことになりましたが、12月には、社長に上級副社長だったデイビッド・ゴーリング(David Goehring)が、また、会長に最高経営会議のメンバーを11年務めてきたゲイリー・ミラー(Gary Miller)が、それぞれ就任しています。

＊

現在、ノルディックタグのラインナップは、26～54フィートクラスに6モデル。なお、26フィートクラスは会社創設時のそれではなく、2009年向けに新しく開発されたモデルです。

Nodic Tugs
http://www.nordictugs.com/

オーシャンアレキサンダー
OCEAN ALEXANDER

Taiwan ● 台湾

台湾で、別な事業に成功したアレックス・チュエが1977年に興したビルダー。当時の米国市場にマッチしたトローラータイプの50フッターのヒットを受けて、ラインナップは徐々に拡大。現在は100フィート超クラスも建造。

■チュエとモンクJr.

　台湾の台北で製造業を成功させていたアレックス・チュエ（Alex Chueh／Alex 闕）は、知人から貸金返済の一部として、高雄の造船施設を譲り受けます。彼にとって、造船は未知の分野でしたが、事業家としての直感は、その事業を大きく発展させることができると確信していたようです。

　プレジャーボートの建造を決意したチュエは、設計を依頼する相手として、米国、ワシントン州のエド・モンク Jr.（Edwin "Ed" Monk Jr.）を選び、交渉をはじめます。

　エド・モンク Jr.の父、のエド・モンク Sr.は、1920年代からさまざまなモデルを設計してきた名デザイナーでした。そんな父のもとで、ボーティングを身近に感じて育った息子のエド・モンク Jr.は、ワシントン大学で工業デザインを学んだ後、早くからボート設計の実務を経験。アレックス・チュエが彼を訪ねたころには、すでに（当時としては最大級のプレジャーモデルである）100フィートクラスのモーターヨット設計なども手がけており、米国でも注目されるデザイナーのひとりとなっていました。

　チュエとモンク Jr.は、お互いに思うところが一致したようで、モンク Jr.は、さっそくチュエのためのモデルを設計。そのモデルは、1973年のオイルショックを機に、省燃費のトローラータイプが注目されていた米国のモーターヨット・シーンに配慮した、50フィートクラス、「オーシャンアレキサンダー50パイロットハウス（50 Pilothouse）」でした。

■50パイロットハウス

　チュエが1978年に設立したボートビルダー、「アレキサンダーマリン」の最初のプロダクションとなった50パイロットハウスは、速度こそ限られたものでしたが、十分な堪航性と居住性を備え、しかも好燃費。さらに価格的にも抑えられていたことから、米国市場で好評を博し、1978～1985年のモデルライフ期間中に100艇近くが販売されるヒット作となります。

　1980年代の半ばになると、オーシャンアレキサンダーは、よりモダンなモデルをラインナップに追加。ラインナップの中核は、ビルダー創設期のトローラータイプからそちらへ移行していくのですが、それらの設計もエド・モンク Jr.によるものです。

　当初は米国市場を非常に強く意識していた同社でしたが、やがてヨーロッパなどへも輸出を開始。さまざまな国や地域からのフィードバックを受けながら、ワールドクラスの大型モーターヨットビルダーに成長します。

＊

　かつては、その価格のみが注目される傾向にあった台湾のビルダーも、1990年代の世界的なボート不況や台湾国内の物価上昇などによって淘汰され、現在は、高品質なモデルを建造できるビルダーだけが残った状況といえるでしょう。

　今やオーシャンアレキサンダーは、世界のモーターヨット市場において、トップクラスのビルダーのひとつと目されています。

現行ラインナップには、最初期の50フッターの直系となるClassicco 50も存在

102MY。100フィートを超えるこのモデルもプロダクション艇です

Alexander Marine
http://www.oceanalexander.com/

067 オーシャンマスター
OCEAN MASTER

U.S.A. ● アメリカ

幼いころからスピードボートを楽しんでいたマーク・ハープナーが、1974年、現役のレーサーでもあった時代に設立したビルダー。オフショア向き大型センターコンソールの先駆けとなるモデルを開発。

■マーク・ハープナー

創設者のマーク・ハープナー（Mark Hauptner）は、ニューヨークでボートヤードを経営する父親のもと、幼いころからボートに慣れ親しんでいました。そんな彼が11歳になったとき、父親がレース向きのボートを造ってくれたのですが、それをきっかけに、彼はスピードボートに傾倒。14歳でレースに挑戦し、それ以降、25年以上レース活動を継続。14の世界記録と6回の国内チャンピオンシップを獲得し、APBA（American Power Boat Association）の「チャンピオンの殿堂（Hall of Champions）」入りを果たすまでになります。

そんなハープナーが、31フィートクラスの艇体に175馬力の船外機を2基掛けとしたセンターコンソールを建造したのは1974年。フロリダでマーキュリーマリンのディーラーをしていたときのことです。そのモデルは現在まで続く「オーシャンマスター」の第1号艇であり、現行ラインナップに残る31フッターの直系の祖先ということにもなるモデルでした。

■大型センターコンソール

1970年代初めのセンターコンソールは、小型モデルというのが常識で、当時、「オフショア向き」とされていた最大級のものでさえも全長が23〜24フィート程度。それに対して、ハープナーが建造したのは、ずっと大きな31フィートクラスで、全幅も10フィートを少し超えていました。

ハルは、もともとインボード仕様だったモデルのモールドを購入し、それをモディファイしたものだったとのことでしたが、そういったことができたのも、船外機仕様の高速艇に多くのノウハウを持っていたハープナーだったからでしょう。

なお、高速（かつ当時としては大型の）センターコンソールの建造を始めたころも、ハープナーはレーサーとして活躍しており、1974〜1976年には3年連続でAPBAの「スポーツGクラス（当時のクラシフィケーション。現在は存在しません）」のシリーズチャンピオンに輝いています。

＊

オーシャンマスターのラインナップは、2009年現在、1モデルのフラットボートを除くと、それ以外はすべてがオフショア向きの27〜34

同社最新の336 Sport Cabinは、特徴的なパイロットハウスタイプのディーゼル艇

フィートクラス。どのモデルも船外機仕様が基本ですが、最近は、燃費に配慮したディーゼルインボード仕様なども用意。また、センターコンソール以外のアレンジも採用されています。

同社のモデルは基本的にシンプルな造りで、とにかく頑丈というのが世評に共通するところ。ミリタリーユースにも供されており、その中には、搭載船外機を6回も積み替えているにもかかわらず、艇体のほうはまだまだ現役というものもあるそうです。

「チェーンソーで2つに切っても沈まないフネがあるけれど、オーシャンマスターはどうなるか分からない。なにしろ、チェーンソーで2つに切ること自体がとても難しいからね」。これはハープナーが同社のモデルについて語った言葉です。

1974年のデビュー以来、大幅な変更なくラインナップされている31 Center Console

Ocean Master Sportfishing Boats
http://www.oceanmasterboats.com/

オーシャンヨット
OCEAN YACHTS

U.S.A. ● アメリカ

米国が独立する以前から、入植者として造船に携わってきたリーク家が、1977年に設立したコンバーチブル／モーターヨット・ビルダー。ニュージャージーのプレジャーボート史を体現する歴史的な背景。

○ この項で述べる「オーシャンヨット」は、米国のニュージャージー州でコンバーチブルやモーターヨットを建造しているビルダーです。ギリシャの同名のセールボートビルダーとは関係ありません。

■米国独立前

オーシャンヨットの設立は1977年。創設者はジャック・リーク（Jack Leek）。2009年現在、同社を率いているジョン・リーク3世（John Leek III）の父親にあたる人物です。

同社は、米国の大手プロダクション・コンバーチブルビルダーとしては、それほど古くからあるものではありません。しかし、同社を設立するまでの創設者の父や祖父、さらにそれ以前のリーク家の人々のたどった道のりは、米国における小型艇建造の歴史そのものといえるかもしれません。

米国におけるリーク家の始祖となる初代ジョン・リークは、英国のイングランドからの入植者でした。彼は、まだ米国独立前の1720年ころ、マリカ川（Mullica River。現在のニュージャージー州を流れる川。旧称リトルエッグハーバー川）のほとりで、周辺の豊富な木材を利用して造船を始めます。これがリーク家の北米大陸における造船事業の第一歩でした。

リーク家の造船事業が、いわゆる「プレジャーモーターボート」をその対象とするようになったのは、入植から2世紀を経た1920年前後。C・P・リーク（Charles Platt Leek）の世代になってからです。

当時は、ちょうどフィッシングを目的としたチャーターボートやオーナーボートが増え始めたころであり、それもプレジャーボートが増える理由のひとつではありましたが、それよりもむしろ、禁酒法（合衆国憲法修正第18条とボルステッド法。1920～1933年）の施行が、密造酒の運搬艇やオフィシャルユースの取締艇、さらに密造酒界の大立者のための豪華なクルーザーなど、さまざまなかたちでプレジャーボートなどの高速小型艇の進化と需要を喚起したといわれています。

■ビルディング事業の変遷

第2次世界大戦中、リーク家の造船所は、Uボートを相手に戦う駆潜艇など、小型の軍用艇を建造します。しかし、戦後はそれほどオフィシャルユースに固執せず、終戦後1年目の1946年、C・P・リークは、ラッセル・ポスト（Russell Post）などとともに、現在まで続く「エッグハーバーヨット（Egg Harbor Yachts）」を設立し、より本格的なプレジャーボート事業を開始します。しかし、3年後の1949年には、経営者間の意見の相違などから、息子のジョン・リーク（John Leek）とともにエッグハーバーを離れ、「ペースメーカーヨット（Pacemaker

1977年に登場した最初期のコンバーチブル、40 Super Sport

2009年モデルのコンバーチブルでは最小クラスとなる42 Super Suport

フラッグシップの73 Super Sport。写真はエンクローズド・フライブリッジ仕様

Yachts)」を設立します。

ペースメーカーの経営は、ジョン・リークが中心となって行っていましたが、彼は1957年に早世してしまったため、息子のジャック・リークがそれを受け継ぎ、まだ健在であった先代のC・P・リークも再び経営に参画します。

ペースメーカーは順調に業績を重ねますが、1968年にはフクア・インダストリーズ（Fuqua Industries）に売却され、さらに1973年には、フクアからミッションマリン（Mission Marine）へ転売されることになります。

最初に述べたように、ジャック・リークは、1977年にオーシャンヨットを設立。その際、彼の新事業に参加するため、ペースメーカーを辞めた従業員がかなりいたようです。

■ デイビッド・マーチン

ジャック・リークがオーシャンヨットを立ち上げて以来ずっと、その設計のほとんどはデイビッド・マーチン（David Martin）に託されてきました。2008年でおそらく80歳を迎えたはずのマーチンですが、オーシャンヨットの2008年向けニューモデルの設計も、彼の手に成るものだったようです。

マーチンは3年ほどの間でしたが、最初期のペースメーカーの従業員でした。彼は、地元の高校を出てすぐに現場での仕事に従事した後、設計に関する知識を身につけるために退職。有名な通信教育システムの「ウェストローン（Westlawn）」でボート設計を学び、S&S（Sparkman & Stephens）設計事務所などを経て独立してからは、フリーのデザイナーとしてのキャリアを重ねていました。

1957年に父のジョン・リークを亡くし、ペースメーカーの経営者として新しいモデルの方向性を探っていたジャック・リークが、マーチンの設計したモデルを雑誌で見つけ、そのデザインに興味を持ったのは、まったくの偶然だったようです。ジャック・リークからの依頼を受けたマーチンの設計による40フッターは、1959年に発表され、ペースメーカーのヒット作のひとつとなりました。

それ以来、リーク家のボート建造事業において、マーチンは欠くべからざる人物となります。

もちろん、1977年にジャック・リークがオーシャンヨットを立ち上げる際、その最初のプロダクションとなった「40スーパースポーツ（Super

独自のコンセプトで建造されているモーターヨット、57 Odyssey

Sport）」を設計したのも、デイビッド・マーチンでした。

■ 受け継がれる伝統

オーシャンヨットの経営は、創設者であるジャック・リークから、彼の息子のジョン・リーク3世に引き継がれました。すでにその次の世代のジョン・リーク4世（John Leek IV）も、同社の技術関係セクションで働いており、遠くない将来には、経営へ参画することになるのでしょう。

同社のモデルの設計をずっと引き受けてきたデイビッド・マーチンは、80歳にして現役のデザイナーですが、さすがにそろそろリタイアしても不思議ではありません。現在では、CADなどを利用してその設計資産の継承と次の世代のモデルへのフィードバックを図るのが普通になっていますから、彼の設計ノウハウなどは、今後、社内のデザインチームなどによって引き継がれていくのでしょう。

2009年現在、オーシャンヨットのラインナップは、42〜73フィートクラスに6モデルの「スーパースポーツ（Super Sport）」シリーズのコンバーチブル、57と65フィートクラスの「オデッセイ（Odyssey）」シリーズ・モーターヨット。そして「37ビルフィッシュ（Billfish）」というデイボートの計9モデルとなっています。

Ocean Yachts
http://www.oceanyachtsinc.com/

2007年に登場した37 Billfishは、この種のモデルとしては古典的なデイボートタイプ

069 パーシング
PERSHING

Italy ● イタリア

歴史あるビルダーの多いイタリアにおいては後発ながらも、大型パフォーマンスクルーザーの分野では先駆的なブランド。50ノット以上を叩き出す100フィート超モデルもラインナップ。

■1981年に創設

「パーシング」というブランドが誕生したのは1985年ですが、その前身というべきモデルの誕生は1981年。同社自身も、その創設年を1981年としています。

パーシングは、当初、「アドリアティック造船所（Cantieri Navali dell'Adriatico）」が建造するシリーズのひとつでした。現在の社名は、「パーシング S.p.A」となっているのですが、そういったこともあって、現在も同社のモデルを「Cantieri Navali dell'Adriatico Pershing（アドリアティック造船所のパーシング）」と呼ぶことがあるようです。

同社の社長であるティリ・アントネリ（Tilli Antonelli）は、創設者のひとりです。彼は、少年時代から小型艇に親しんできた人物で、ビルダーの創設も、そのころからのボートに対する情熱の延長上にあったのだといいます。

1984年、アントネリは、スポーツボートの航走能力とクルーザーとしての居住性をあわせ持つようなモデルの建造を考え、そして翌1985年にそのモデルが同社のラインナップに加えられます。それが、その後、現在までそのコンセプトが受け継がれる「パーシング」ブランドの最初のモデル、「パーシング45」でした。

■フルヴィオ・デ・シモーニ

パーシング45の設計は、フルヴィオ・デ・シモーニ（Fulvio De Simoni）に依頼されました。

シモーニは、10代の頃からセールボートやモーターボートのデザインスタジオの設計現場で働いていたという経歴の人物。さまざまなビルダーのモデルの設計に関わっています。

彼が自身の事務所である「イタルプロジェクト（Ital Projects）」を立ち上げたのは1983年。そして、独立直後に設計したのがパーシング45でした。

パーシング45は、そのスポーティーな航走性能と居住性の高さが評価され、彼の設計の魅力を市場に知らしめるものとなりました。それ以来、現在に至るまで、同社のモデルの設計は一貫してシモーニが担当しており、パーシングのアイデンティティは、彼が作り出したものといっても過言ではありません。

1992年には、すでに70フィートクラスという大型のパフォーマンスクルーザーをリリース。このモデルは、同社にとって初のタービンエンジン搭載艇ともなりました。

＊

1998年、パーシングはイタリアの大手、フェレッティ・グループ（Ferretti Group）の傘下に入りますが、そのラインナップの基本コンセプトに変化はありませんでした。また、2004年にはスポーツクルーザーの専門ビルダーとして1969年以来の歴史を持つ「イタマ（Itama）」を同社の100％子会社化しています。

2008年現在のラインナップは46〜115フィートまで8クラス。最大の115フィートクラスでさえ、50ノット超の最高速を誇るパフォーマンスクルーザーとなっています。

Pershing 64。同社のラインナップ中、最も新しい世代となるモデル

Pershing 115。同社のプロダクションモデルの中では最大クラス

Pershing
http://www.pershing-yacht.com/

070

プレジデント
PRESIDENT

Taiwan ● 台湾

米国のマリンシーンで得た実績を基盤に世界へ進出。
ラインナップは徐々に大型レンジへシフトし、
現在は、カスタムモデルやセミカスタムモデルを建造。

■プロダクションからカスタムへ

「プレジデント」というブランドのモデルを建造するビルダーの社名は、比較的最近まで「プレジデントマリン（President Marine Ltd.）」でしたが、現在は、「プレジデントボート・インターナショナル（President Boat International Co., Ltd.）」です。また、社名のロゴは「PRESIDENT YACHTS」であり、それが同社の社名のように扱われることも少なくないのですが、これは通称と考えるのが適当でしょう。

さて、同社の前身となる小さな造船所が設立されたのは1968年ですが、国際的に通用するプレジャーボートが建造されるようになったのは、もう少し後になります。

同社がプレジャーボートの世界で認められたきっかけは、1981年に建造された「41ダブルキャビン（41 Double Cabin）」が翌年輸出された米国で大ヒットしたことでしょう。このモデルは、1982〜1988年の間に116艇が米国内で販売され、1980年代の米国における最もポピュラーなアジア製クルーザーのひとつと評されています。

また、この41ダブルキャビンが米国で好評を博している頃、同社はヨーロッパへも進出しています。

1990年代の半ばくらいから、同社は、そのプロダクションをより大きなレンジにシフト。また、おりからのボート不況などもあったためか、一般的なプロダクションモデルのラインナップを減らし、カスタム、あるいはセミカスタムといった分野のモデルの生産比率を高めるようになります。

■先進的な生産設備

現在の同社は、工場からそのまま海に出るためのスロープなども備えた、近代的な（そして巨大な）生産施設を持っており、2001年には、ISO9001（品質保証に関する国際認証の一種）を取得。これまでに150フィートクラスの大型艇を含むさまざまなモデルを建造しています。

現在、同社のモデルの工法は、米国のTPIコンポジット社がパテントを持つインフュージョン方式のSCRIMP（Seemann Composites Resin Infusion Molding Process）システムによっています。プレジデントは従来からバキュームバギング工法を採用しており、SCRIMPへ移行しやすい環境にあったともいえますが、こういった最新の手法で150フィートクラスのモデルを建造でき、しかもISO9001の認証を持つビルダーは、世界でもそれほど多くないはずです。

同社の場合、すでにプロダクションラインナップと呼ばれるものは存在していないというべきかもしれませんが、これまでの設計例はCADのデータとして残されていますし、一部のモデルは、セミカスタム的な建造方法がとられており、幅広い注文に対応することが可能となっているようです。

2008年のマイアミボートショーでは、107フィートクラスのトリプルデッキ・モーターヨットを出展。国際的に通用する大型モーターヨットビルダーとしての存在感を示しました。

1980年代の米国で好評を博し、同社の知名度を高めたPresident 41 Double Cabin

2008年のマイアミボートショーに出品されたPresident 107 Triple Deck MY

President Boat International
http://presidentyachts.com/

071

プリンセス
PRINCESS

U.K. ● イギリス

1965年にチャーター用途向けの31フッターからスタートし、
英国を代表するモーターヨットビルダーのひとつに成長。
2008年には、世界的な有名ブランド・コングロマリットの傘下に。

創設時に建造されたProject 31。当初はチャーター向けのモデルでした

■1965年設立

1965年、「マリンプロジェクト」社として、英国のプリマスで設立されたビルダーが同社のルーツです。なお、比較的最近まで用いられていた、社名の「マリンプロジェクト」は、多くの場合、「Marine Project(Plymouth)Ltd.」というかたちで、地名入りの表記となります。また、現在の同社は「プリンセスヨット・インターナショナル」です。

設立は3人ほどのグループによるものだったようですが、その中のひとりであるデイビッド・キング(David King)は、現在も同社のマネージング・ディレクター(managing director＝英国においては、最高業務責任者の意＝CEO)を務めています。

最初のモデルは「プロジェクト31(Project 31)」と名づけられた、チャーター向けのモデルでしたが、これが比較的好評で、非チャーター用途の、一般オーナー向けバージョンも建造されることになります。

プリンセスというモデル名が用いられるようになったのは、1970年の32フィートクラスからだったようです。このモデルは、キャビントランク型のハードトップ付きエクスプレス。当時としては、このクラスのクルーザーの定番的なモデルだったと思いますが、市場の評判はなかなか良好で、「プリンセス」というブランド名を定着させたモデルのひとつとなりました。

■ベネットとオレシンスキー

同社は、10年ほどの間にそのラインナップを拡大。1970年代の終わりには、40フィートを超えるクラスのフライブリッジ・セダンを建造するまでになります。

この当時、同社の設計の多くは、ジョン・A・ベネット(John A. Bennett)が担当していました。彼は、英国を中心に活躍するデザイナーで、セールボートもモーターボートも手がけるタイプです。現在も彼の設計によるモデルは、他の英国ビルダーのラインナップに存在しています。

しかし、1980年に登場した「プリンセス30DS」は、ジョン・ベネットではなく、バーナード・オレシンスキー(Bernard Oresinski)の手に成るものでした。

1980年代の終わりから1990年代にかけては、ヨーロッパ各国のメジャービルダーからの依頼を次々にこなす超多忙なデザイナーとなるオレシンスキーですが、この30DSは、彼が注目されるきっかけとなったモデルのひとつといえるでしょう。プリンセスは、このモデル以降、現在に至るまで、オレシンスキーの設計を採用し続けており、両者の間には、良好なリレーションシップが

バーナード・オレシンスキーが初めて手がけたプリンセスのモデル、30DS

1980年代にラインナップされたフライブリッジモデル、Princess 35

保たれているとのことです。

なお、現在のオレシンスキーは、英国を代表するモーターヨットデザイナーのひとりとなっており、同じ英国のフェアラインの設計なども請け負っています。

■大型化するラインナップ

プリンセスは、1981年にグラハム・J・ベック（Graham J. Beck）によって買収されます。ベックは、南アフリカ出身のビジネスマンで、もともとは石炭の採掘で財をなし、現在では、ワイナリーの経営や競走馬の生産など、いわば趣味性の高い商品分野での成功者として知られる人物です。1981年に同社を買収したのも、モーターボートやモーターヨットが、そういった分野の商品として将来性があると考えてのことだったのではないでしょうか。

ちょうどプリンセスにとっても、1980年に初めてバーナード・オレシンスキーが設計したニューモデルを発表した直後であり、さらに本格的に事業を拡大しようという時期でしたから、買収によって資金面での強化がなされたことは、プラスに働いたようです。

1980年代のプリンセスは、それまで以上のスピードでラインナップを拡大。また、従来、ラインナップの主流となっていたフライブリッジセダンに加えて、エクスプレスタイプのクルーザーもシリーズ化され、現在のラインナップにつながる、セダン系モデルとエクスプレス系モデルの2シリーズ体制の基本が形づくられました。

1994年には、現在「Vクラス・スポーツヨット」と名づけられているエクスプレス系シリーズの直系ルーツとなる「V39」と「V52」が登場。さらに1996年には、初めてメートル法ベースのモデル名がつけられた大型艇「プリンセス20M」が加わります。

■LVMHグループ

順調にその業績を伸ばし、また、かつてに比べて、そのラインナップもはるかに大型の（そして高価な）モデルが中心となったプリンセスは、2008年にグラハム・J・ベックから、フランスのベルナール・アルノー（Bernard Arnuault）が束ねる投資グループ、Lキャピタル（L Capital）に売却されました。このLキャピタルは、ファッションやワインなどの有名ブランドばかりで構成されるコングロマリット、「LVMH（Moët Hennessy Louis Vuitton S.A.）」の一部。LVMHは、その傘下に、「ルイ・ヴィトン」をはじめ、

2009年現在のフラッグシップPrincess 95 MY。メガヨットと呼ぶべきサイズです

V Classシリーズ最大艇、V85。同社の最新モデルのひとつでもあります

「セリーヌ」、「ケンゾー」、「クリスチャン・ディオール」、「ジバンシー」などを擁しており、また、酒類の「モエ・エ・シャンドン」や「ドン・ペリニオン」、時計の「タグ・ホイヤー」なども抱えています。

プリンセスがこの種の有名ブランドと同じような位置づけになるのかどうかは分かりませんが、LVMHのマーケティング戦略の一部に組み込まれるとしたら、そのあり様も従来とは違ってくるのかもしれません。

　　　　　　＊

2009年現在、プリンセスのラインナップは、42～95フィートクラスの「フライブリッジヨット（Flybridge Yachts）」と、42～85フィートクラスの「Vクラス・スポーツヨット（V Class Sport Yachts）」で構成されています。

同社のモデルは、世界中に輸出されていますが、米国では、バイキングが扱う「バイキング・スポーツクルーザー（Viking Sport Cruiser）」として販売されています。

現在のプリンセスでは最小クラスが42フッター。これは42 Flybridge

Princess Yachts International
http://www.princessyachts.com/

072

プロライン
PRO-LINE

U.S.A. ● アメリカ

1968年に設立された、スポーツフィッシャーマン専門ビルダー。
外部資本家の経営参加などはあったものの、比較的堅実な経営が続けられ、
1990年代の初めにはドンズィを買収して、AMHグループを形成。

■1968年設立

プロラインの設立は1968年。創設者はダン・アトウッド（Dan Atwood）と彼の父親であるレイ・アトウッド（Ray Atwood）です。初めてのプロダクションは24フィートクラスのデュアルコンソールでした。

その最初のオーナーとなったのがプロのフィッシングガイドであったことなどもあって、プロラインというブランド名は、比較的短期間で米国のマリンシーンに溶け込んだようです。1970年には、現在の同社があるフロリダ州ホモサッサ（Homosasssa）に広大な敷地を求め、生産施設の刷新と拡張を行っています。

その後の同社は、ラインナップするモデルのサイズを拡大し、上部構造アレンジのバリエーションを増やしながらラインナップを展開していくことになりますが、1973年には、早くもウォークアラウンドスタイルのバウカディモデルをラインナップに加えていたといいますから、フィッシングボートの世界の新しい潮流をうまくとらえることのできるビルダーだったのでしょう。

同社が有名になったことは、同社に投資しようと考える資本家を増やすことにもなったようです。1986年には、ニューヨークの投資家グループが同社に出資し、経営に参画。そのひとりであるリー・キンメル（Lee Kimmell）は、後に同社のCEOとなるのですが、それはもう少し後になります。

1989年には別な投資グループのケン・ホール（Ken Hall）が同社を買収し、オーナー兼CEOとなります。ちなみに、ホールは、それ以前にシーレイ（Sea Ray）のオーナーグループのひとりだった人物です。

■AMHグループ

1992年（1993年の説あり）、同社はパフォーマンスボートのドンズィ（Donzi）を買収します。その際、経営者のケン・ホールは、「アメリカン・マリーン・ホールディングス（American Marine Holdings＝AMH）」を設立し、プロラインとドンズィをその傘下に置く企業グループを形成。さらにAMHは、1995年、その前年に倒産した小〜中型コンバーチブルビルダーのフェニックス（Phoenix）を引き受けます。グループの拡大を狙ってのことだったようですが、フェニックスの経営を立て直し、復活させることは残念ながらできなかったようで、5年後に売却しています。

1995年（1996年の説あり）、AMHとプロラインのCEOを兼ねていたケン・ホールが職を辞したため、その後継には、前述した別の投資家グループのリー・キンメルが就き、それ以来現在まで、プロラインも、AMHも、そのオーナー兼CEOはキンメルです。

＊

2009年現在のプロラインは、船外機仕様のフィッシングボートのほとんどの艇種をラインナップ。最大艇は35フィートクラスのエクスプレスですが、小型のベイボートなどにも力を入れており、特に小型で低価格なモデルで構成された「プロライト（Pro-Lite）」という別ブランドも用意しています。

1990年代の最大艇2950WA。船外機仕様のほかに、写真のスターンドライブ仕様もありました

2009年現在、ラインナップのフラッグシップとなっている35 Express。船外機3基掛けも可能です

Pro-Line Boats
http://www.prolineboats.com/

073

パスート
PURSUIT

U.S.A. ● アメリカ

S2ヨットグループが抱える2ブランドのひとつ。
現在は、船外機仕様モデルのみで構成された、
23〜37フィートのスポーツフィッシャーマンを建造。

■S2ヨット

パスートは、米国の「S2ヨット（S2 Yachts）」が抱えるボートビルダーのひとつです。現在、S2ヨットグループは、このパスートと「ティアラ（Tiara Yachts）」という2つのビルダーと、それらの親会社として機能しているS2ヨットで構成されていますが、これらは、もともとレオン・スリッカーズ（Leon Slikkers）が設立したビルダーであり、スリッカーズ家のファミリービジネスから発展してきたものなのです。

パスートとティアラという2つのビルダーには、ともにその背景となったスリッカーズ家のボートビルディング事業の歴史があり、それはS2ヨットグループ全体の歴史でもあります。

このページでは、パスートについて述べる前に、まずS2ヨットグループの生い立ちなどについての説明をしておきたいと思います。

■1955年のスリッククラフト

1950年代の初め、レオン・スリッカーズは、当時の老舗大手ビルダー、「クリスクラフト（Chris-Craft）」の従業員でしたが、仕事とは別に、自宅のガレージで14フィートクラスの木造艇を建造します。意外にもこのボートに対する周囲の評判が良かったことから、1954年には「スリッククラフト（Slickcraft）」という商標を登録、翌1955年にはクリスクラフトを辞し、自宅を売却して資金を調達して、ミシガン州のホランド（Holland）でビルダーを立ち上げます。

当時はまだ木造艇が主流でしたが、スリッククラフトは1956年に実験的にFRPモデルを建造。1961年には、17フィートクラスまで拡大されたそのラインナップの全モデルをFRP化します。

1960年代、同社は順調に事業規模を拡大しますが、1969年には、ボウリング用品メーカーのAMFがスリッククラフトを買収。レオン・スリッカーズ自身は社長として同社に残ったものの、経営権はAMFに移ります。ちなみに、この頃のAMFは、ボウリングブームで得た豊富な資金を背景に、ボートビルダーのグループを形成しつつあり、1972年には、ハトラス（Hatteras）の買収にも成功しています。

1974年、レオン・スリッカーズはスリッククラフトを退職。再び、自身でビルダーを立ち上げます。

新しいビルダーは「S2ヨット（S2 Yachts）」。53人の従業員とともに事業を開始したこのビルダーは、セールボートのみを建造するのですが、後に、パスートやティアラを生み出し、グループの中核として機能することになります。

■パスートとティアラが登場

1977年、S2ヨットは、新しいモーターボートシリーズとして「パスート」を登場させます。これが、現在のパスートの直接的なルーツです。

また、翌1978年には、パスートとは別なカテゴリーのモデルとして、「ティアラ3100」を開発。こち

AMFに買収される直前、1967年モデルのSlickcraft SS190

1980年代末、S2 Yachtsのブランドとして復活した頃のSlickcraft 265SC

最近までラインナップされていたDrummondシリーズのSF345

らは、後のティアラ・シリーズにつながることになります。

1983年、S2ヨットは、フロリダ州のフォートピアース（Ft. Pierce）にパスートのための新工場を建設。また、1969年以来、AMFが所有していた「スリッククラフト」という商標も買い戻し、同社のモーターボートのシリーズ名として復活させます。これにより、S2ヨットグループは、「S2（セールボート）」、「パスート」、「ティアラ」、「スリッククラフト」という、レオン・スリッカーズが設立してきた4ブランドすべてを自社で抱えることになります。

なお、その後、セールボートの「S2」は、1987年に生産を中止。また、「スリッククラフト」は、一時期、完全に独立したブランドという位置づけになっていたのですが、1990年代に入ると、ティアラのラインナップに組み込まれて「ティアラ・スポーツボート（Tiara Sport boats）」となり、1993年から1994年にかけてのモデルを最後にフェードアウトします。

現在のS2ヨットグループは、レオン・スリッカーズの長男であるデイビッド（David）が率いており、次男のロバート（Robert）がティアラを、三男のトーマス（Thomas）がパスートを担当しています。

2009年現在のフラッグシップOS375。パルピットを含む全長は39フィートを超えます

■オフショア向きSF

パスートは、まず20フィートと25フィートクラス、それぞれに船外機仕様とスターンドライブ仕様の両方を用意した4モデルを登場させますが、ティアラが設立された後は、ティアラと同じモデルのパスート版というべきものも加えて、ラインナップを充実させていきます。

1983年にフロリダ州フォートピアースの新工場を得た後には、さらにセンターコンソールやバウカディも建造するようになり、総合フィッシングボートビルダーとして、幅広い艇種を供給できる体制が作られます。

1980年代末から1990年代末にかけては、その最大艇を32～33フィートクラスとして、ティアラとの共用モデルをラインナップから廃したり、逆に30～40フィートを超えるクラスまで複数のモデルをティアラと共用したりと、両者の関係性についての方針が定まっていないように感じられる時期もありましたが、4ストロークや2ストロークDIといった、新世代の高出力船外機の搭載を前提としたモデルが増えてくると、ラインナップの中心は、そういったモデルに移行。パスートは、そのラインナップからインボード仕様のモデルを徐々にフェードアウトさせ、2005年の3100オフショアというインボード仕様のエクスプレスを最後に、そのラインナップは、すべて船外機仕様艇になります。

＊

2009年現在、パスートのラインナップは、エクスプレスとセンターコンソールで構成されており、最小モデルはともに23フィートクラスで、フラッグシップは4ストローク350馬力船外機の3基掛けも可能な37フィートクラスのエクスプレス。

どのモデルも、タフな走りと洗練されたアコモデーションが高く評価されています。

Pursuit Boats（S2 Yachts Group）
http://www.pursuitboats.com/

2009年ラインナップの最小クラスとなる、センターコンソールのC230

074

ランページ
RAMPAGE

U.S.A. ● アメリカ

1985年にティロットソン・ピアソン社が建造するシリーズのひとつとして誕生。
1990年代の後半に生産停止という事態に至るものの、
2000年には新設計のモデルでラインナップを復活。

■当初はTPIの1シリーズ

ランページは、「ティロットソン・ピアソン社（Tillotson-Pearson Inc.。以下、TPI）」が1985年に建造を始めた、スポーツフィッシャーマンのシリーズでした。

TPIは、「J/24」を含むJボートシリーズや、フリーダムヨット（Freedom Yacht）シリーズなど、むしろセールボートの建造で知られているところです。同社は、1966年にピアソンヨット（Peason Yachts）を辞したエベレット・ピアソン（Everett Pearson）が、1968年にニール・ティロットソン（Neil Tillotson）とともに立ち上げた会社なのですが、ピアソンの前職から考えれば、セールボートが中心になるのも不思議ではありません。

1985年にデビューしたランページは、24と31フィートの2クラス3モデルで、設計はディック・レマ（Dick Lema）。彼は後にボストンホエラー（Boston Whaler）の設計などにも参画するデザイナーです。

翌1986年には28フィートクラスを追加、1989年には、36フィートクラスと40フィートクラスを加え、24～40フィートクラスのシリーズになったところで、このシリーズはKCSインターナショナル（KCS International）の買収を受け、同時期に買収された「クルーザーズヨット（Cruisers Yachts）」とともに、その傘下のビルダーとなります。

なお、TPIはランページ・シリーズを手放したのみで、その他の事業はその後も継続。ランページのOEM生産も請け負っていました。

■2000年からブランニュー

KCSインターナショナルの傘下となった後は、24フィートクラスと40フィートクラスをフェードアウトさせ、28～36フィートクラスに4モデルのエクスプレスフィッシャーマンという、明確なコンセプトを持つラインナップとなり、市場でも好評を得ることになるのですが、1990年代半ばのボート不況は、このビルダーにも深刻なダメージを与えていたようで、1995年モデルを最後に、同社は生産を停止せざるを得ないところまで追い込まれてしまいます。

ただ、幸いに最悪の事態は免れたようで、2000年モデルから生産を再開。さすがに、従来のモデルのままでは、構造面などで古さを感じさせるところもあったのでしょう。生産再開時にリリースされたのは、まったくの新設計による30フィートクラスと38フィートクラス、2モデルのエクスプレスフィッシャーマンでした。

*

2009年現在、ランページのラインナップは、30～41フィートのエクスプレスと、45フィートクラスのコンバーチブルの計5モデル6タイプとなっています。

なお、ランページはノースカロライナ州ナヴァッサ（Navassa）の工場で建造されていましたが、経営の合理化などのため2008年1月に本拠を移転。現在は、グループの本拠で、クルーザーズの本社工場でもある、ウィスコンシン州のオコント（Oconto）の施設で建造されています。

シリーズ最初のモデル31SFは、1995年の生産停止までラインナップされていました

現在のラインナップを代表するエクスプレスモデルの最大艇、41 Express

ラインナップのフラッグシップであり、唯一のコンバーチブルでもある45 Convertible

Rampage Sport Fishing Yachts
http://www.rampageyachts.com/

114

リーガル
REGAL

U.S.A. ● アメリカ

米国でも最大級の個人経営によるビルダーのひとつ。
顧客満足度調査では、常に上位にランクされており、
スタイリングやインテリア、さらに品質についても高評価。

■1969年設立

　リーガルマリンは、1969年、現在もその本拠があるフロリダ州のオーランド（Orlando）で設立されました。創設者はポール・カック（Paul Kuck）とキャロル・カック（Carol Kuck）のカック夫妻です。なお、本書では、彼らの名前の表記を米国式英語の発音に基づいたものとしていますが、カック家はもともとドイツ系の移民であり、「Kuck」のドイツ語の発音は「クック」ですので、苗字については、「クック」と表記するのが、より正確かもしれません。

　ポール・カックは、オハイオ州の出身。第2次世界大戦後のドイツ駐留軍としての長期に渡る兵役を経て帰国。鉄鋼関係のビジネスで得た資金をもとにして、オーランドにリーガルマリンを設立します。

　ビルダー設立後、ようやくその事業が軌道に乗ってきた1973年、世界中を襲ったオイルショックは、同社の経営にも少なからぬ影響を与え、1974年のラインナップは、実質16～21フィートクラスに4モデルという状態になっていましたが、その後、短期間で急速に業績を好転させることに成功。1979年には18から24フィートクラスに9モデルまでラインナップを拡大し、オイルショックから10年を経た1983年には、現在もラインナップにその名が残るエクスプレスクルーザー・シリーズ、「コモドア（Commodore）」を登場させます。

最小モデルのRegal 1900。ステップト・ハルの人気ランナバウト。顧客満足度調査では常にカテゴリーのトップ

Regal 5260は、ラインナップの最新にして最大のモデル。パワーソースとしてボルボ・ペンタのIPSを装備

■現在もファミリービジネス

　リーガルはその後もカック家のファミリービジネスとしての経営形態を保ったまま発展を続け、米国の個人所有のビルダーとしては、最大級のものとなります。2007～2008年にかけては、他のボートビルダー同様、米国経済失速の影響なども受けているものと思われますが、その直前のビジネス資料によると、900人以上の従業員を抱え、生産量は年間約4,000艇。広々とした工場敷地内には、全長800メートルほどの水上試験水路まで備えています。

　同社は、ボートビルダーとしてはかなり早い時期にISO9000系の認証（品質保証に関する国際認証の一種）を取得した会社としても知られています。同社の場合、90％以上のコンポーネンツを自社で製造しており、比較的、品質管理がしやすいというのもその大きな理由だったようです。また、J・D・パワー＆アソシエイツ（J.D.Power & Associates）の顧客満足度調査においては、複数のカテゴリーにおいて、トップやそれに次ぐ順位の常連でもあります。

＊

　すでに創設者のカック夫妻は亡くなりましたが、経営は、その長男のデュエイン・カック（Duane Kuck）が引き次いでおり、次男のティム・カック（Tim Kuck）がそれを補佐する立場にあります。

　2009年現在のラインナップは19～53フィート。ランナバウトやエクスプレスクルーザーを中心に、ファミリーユーザー向けのスポーティーな22モデルで構成されています。

Regal Marine Industries
http://www.regalboats.com/

076 レギュレーター
REGULATOR

U.S.A. ● アメリカ

マクスウェル夫妻の小さなボートビルダーが、
小型フィッシングボートの世界の中堅に成長。
堅実でタフな造りが好評。

■マクスウェル夫妻

　レギュレーターマリンは船外機仕様のスポーツフィッシャーマンを専門に建造するビルダーです。

　本拠地は、米国建国期からの歴史を持つノースカロライナ州のイーデントン(Edenton)。小さな町ですが、同じ町には、スポーツフィッシャーマン・ビルダーのアルベマーレ(Albemarle)やカロライナクラシック(Carolina Classic)の本社もあります。

　創設者は、オーウェンとジョーンのマクスウェル夫妻(Owen and Joan Maxwell)。当時、彼らは「A&Pストア(米国の雑貨関係のチェーン店)」を経営していましたが、1988年にボートビルダーを創設。2年後の1990年、その最初のプロダクションとなるセンターコンソール、「レギュレーター26(Regulator 26)」を発表します。

　彼らは、もともと熱狂的なフィッシングの、あるいはフィッシングボートの、ファンだったといいます。ジョーンの回想によると、彼女がオーウェンからプロポーズされたのは1985年。その当時、彼らがフィッシングに用いていたらしい「フェニックス29(Phoenix 29。名デザイナー、ジム・ウインの設計した小型フライブリッジ・スポーツフィッシャーマン)」の船上で、しかもその後には、「もし自分たちがボートビルダーになったら、どうやったらこのフェニックス29よりも優れたフィッシングボートを建造できるか」を延々と話し合ったといいますから、その熱狂振りは、相当なものだったようです。そして、プロポーズの3年後、彼らは本当にボートビルダーになってしまったわけです。

■現在まで続く「26」

　創設以来、同社のモデルは米国人デザイナーのルイス・コデガ(Louis Codega)が設計を担当しています。コデガは、1990年代にカボ(Cabo)のいくつかのモデルを手がけたデザイナーでもあり、日本でも彼の手に成るカボのモデルを見ることができます。

　最初の「レギュレーター26」は、トランサムデッドライズが24度のピュアなディープVに近いハルを持ったモデル。強力な航走能力と優れたフィッシャビリティを両立させた、典型的なオフショア向きセンターコンソールでした。同社のラインナップに存在する26フッターは、この

2008年モデルとして登場した30 Expressは、ラインナップ唯一のエクスプレス

26 Classicは、設立当時の26フッター直系の現行モデルです

最初期モデルが少しずつ改良されながら、継続してラインナップされてきたもので、2008年現在、その生産数は、延べ1,000艇を超えているのだそうです。

＊

　最初の数年間は、マクスウェル夫妻2人でボートを建造するような状態だったため、プロダクションが「26」のみという状態がしばらく続いたのですが、その後、会社の規模はゆっくりと、しかし着実に拡大され、現在の同社は、149人の従業員と557m²の生産施設を抱えるまでになりました。

　米国のビルダーとしては決して大きな規模のものではありませんが、レギュレーターは、高品質でタフなスポーツフィッシャーマンを建造するビルダーとして、多くのボートアングラーに支持される存在となっています。

Regulator Marine
http://www.regulatormarine.com/

077

リンカー
RINKER

U.S.A. ● アメリカ

創設から60年以上という老舗ビルダー。
傘下にポンツーンボートやフィッシングボートのビルダーを持ち、
現在の自社ラインナップはファミリー向けのモデルで構成。

■1945年に農業から転向

米国インディアナ州ノウブルーズヴィル（Noblesville）で農業を営んでいたロシー・リンカー（Lossie Rinker）と彼の息子のジョンとジャン（John Rinker、Jan Rinker）が、現在のリンカーボートカンパニー（Rinker Boat Company）の前身にあたるビルダーを設立したのは1945年。当初は、手漕ぎボートのようなものを建造していたものの、すぐにエンジン付きのモデルを建造するようになり、リンカーは、自身で設計したそれらのボートを駆ってレースに出場。彼のボートはレースで好成績をあげ、事業は短期間で発展します。

なお、ジョン・リンカーの娘のリー・リンカー（Lea Rinker）は、後に「フェイマスクラフト・ボート（Famous Craft Boats）」というビルダーを設立し、現在も社長として同社を率いていますが、彼女によれば、この「フェイマスクラフト」は、ロシー・リンカーが1945年に設立したビルダーの名前そのものなのだそうです。

リンカーのボート事業を引き継いだジョンとジャンは、「リンカービルト（Rinkerbuilt）」というブランド名を用いるようになります。これが現在の同社の「リンカー」というブランド名の始まりです。

同社は、本拠を現在のインディアナ州シラキース（Syracuse）に移転。さらに1950年代の半ばには、ボートの素材を木からFRPに変更します。同社は、米国のビルダーとして、最も早くからFRP製のボートを建造し始めたところのひとつです。

1960～1970年代にかけて、同社のモデルにはファミリーユーザー向きのものが増え、それとともに会社の規模も拡大。1980年代には、エクスプレスクルーザーなども建造するようになり、現在の同社のラインナップの基礎が築かれます。

■ファミリーボート中心

2009年現在のリンカーのラインナップは、バウライダーやクローズドバウなど、ランナバウト系モデルの「キャプティバ（Captiva）シリーズ」が19～29フィートクラスに13モデル。エクスプレスクルーザーのECシリーズが23～40フィートクラスに9モデルという構成。全長が40フィートを超えるフラッグシップの400ECを含むすべてのモデルがスターンドライブ仕様となっています。

同社のモデルは、ファミリーユーザー向きということもあって、どちらかというと合理性が重視され、その分、コストが抑えられているといわれています。40フィートクラスのモデルでもスターンドライブ仕様を採用するところなども、そういったポリシーの表れかもしれません。

＊

現在、リンカーは、ポンツーンボートの「ゴッドフリー（Godfrey）」やスポーツフィッシャーマンの「ポーラー（Polar）」など、その傘下に自身のラインナップでカバーできないカテゴリーのボートを建造するビルダーを抱える、ボートビルダーグループを形成しています。

ランナバウト系モデルの最大艇、296 Captiva Bowrider。姉妹艇としてバウカディタイプもあります

フラッグシップの400 EC。このクラスとしては珍しい、スターンドライブ仕様のエクスプレスクルーザーです

Rinker Boat Company
http://rinkerboats.com/

078

リーバ
RIVA

Italy ● イタリア

19世紀の半ばに設立された、150年以上の歴史を持つビルダー。
個性的な高級モデルで構成されたラインナップは、
ランナバウトからメガヨットまでをカバー。

現在も愛好家の多いAquarama。これは後期型のAquarama Special

■1842年のコモ湖とイゼオ湖

リーバがビルダーとしての活動を開始したのは1842年。現在も残るプレジャーボートのブランドとしては、世界で最も古くからあるもののひとつといえるでしょう。

創設者のピエトロ・リーバ（Pietro Riva）は1822年生まれ。イタリア北部、コモ湖（Lago d'Como）の湖畔にあるラグリオ（Laglio）の出身でした。

彼がボートビルディングを始めるきっかけとなったのは、たまたま壊れた漁船の補修を手がけたところから、さらに依頼を受け、西南西100kmほどのところにあるイゼオ湖（Lago d'Iseo）のサルニコ（Sarnico）へ漁船の補修へ出かけたことでした。船大工としての才能を発揮したピエトロは、その腕を見込まれ、新造船の注文を受けるようにもなります。

ピエトロの息子のひとり、エルネスト（Ernesto Riva）が造船事業に参画するようになったとき、彼が考えたのはボートに「エンジン」を取り付けることと、それによってボートを「大型化」しよう、ということでした。

それ以前にも実験的なものはフランスなどで製作されていたようですが、現代の4ストロークエンジンに直接つながる始祖というべき、「オットーサイクル」の内燃機関がドイツのニコラス・オットー（Nicolaus Otto）によって発明されたのが1876年。さらに、当初は燃料に気体（石炭ガスなど）しか使えなかったそれに燃料気化装置が装備され、液体燃料を使用できるかたちになったのが1884年です。

エルネストの少年期から青年期にかけては、まさにピストンエンジンの黎明期から発達期というべき時代だったわけです。

ただ、1907年、エルネストは若くして亡くなったため（造船所の事故であったと伝えられています）、リーバの造船所は、少年というべき年齢だった息子のセラフィノ（Serafino Riva）に託されることになります。

■プレジャーボート建造へ

若くして造船所を受け継ぐことになったセラフィノでしたが、彼はエルネスト以上に次世代のボートのあり方に対して進歩的な考え方を持っていたようです。

セラフィノは、「レジャー用ボート」の建造をリーバという造船所の中核に据えた人物でした。現在につながるプレジャーボートビルダーとしてのリーバは、彼の世代から始まったといえるでしょう。また、いわゆる「スピードボート」によるレースが、それらモーターボートのプロモーションとして、非常に重要なも

25 Sport Fishermanは、米国のバートラムの同名モデルをモディファイしたもの

1970年代のモデルとしては、ごく先進的なスタイリングと航走能力を持つ2000

近年、短期間だけラインナップされていたデッキボート風のShuttle

のになるとも考えていました。

　セラフィノは、ボートヤード経営のかたわら、積極的にレースに出場し、リーバのボートの優秀さをアピール。彼自身も、優秀なレーサーとして注目される存在になります。

　こういったムーブメントは、当時のイタリアのファシスト党政権にとっても、絶好のプロパガンダの場とみなされるようになったようで、いわば政府の「肝煎り」によるレースなどが盛んに開催されたようです。

　とはいえ、それがイタリアのボート産業の発達を促したことは確かです。セラフィノのレースへの出場は変わらずに続けられ、1937年にはイタリアチャンピオンを獲得。そして、そういった高速艇のノウハウを生かした市販モデルとして、その後のリーバの主力となるマホガニー製のランナバウトが建造されるようになります。

■「アクアラマ」の登場

　敗戦国として第2次世界大戦を終えたイタリアでしたが、1946年、リーバは早くも新しいラインナップを構築します。

　セラフィノの息子のカルロ（Carlo RIva）がボートの建造に加わったのは1940年代の半ば。彼は、ボートヤードの合理化によって、建造コストを抑えるという考え方を導入するのですが、これは、その後に流行する水上スキーなどに合わせた、手軽なモデルの建造に役立つことになります。

　1956年、カルロは、父のセラフィノからヤードを「購入」します。どういった経緯かは分かりませんが、それまでの歴代のリーバ家の経営者が、いわば世襲でその地位を受け継いできたのとは、少し違ったスタンスをとったようです。このとき、デザイナーとして造船所に入ったジョルジョ・バリラーニ（Giorgio Barilani）は、その後1996年までリーバのデザイン部門に在籍。1970〜1996年は同部門のマネージャーとして、同社のモデル全体を統括していました。現代につながるリーバのイメージは、彼が構築したものといってもいいでしょう。

　1962年、リーバはマホガニー製のスマートなランナバウトをミラノの国際ボートショーに出品します。全長8.02m、全幅2.62m、パワーユニットは米国のクリスクラフト社製の185馬力を2基掛けとし、40ノットの最高速を誇るこのモデルは、「アクアラマ（Aquarama）」と名づけられ、現代においても、世界中のボート愛好家を魅了し続ける、リーバの代表作のひとつになります。なお、このモデルは、その翌年に登場した「スーパーアクアラマ」とともに1971年までラインナップされ、さらに1972年から1980年まで「アクアラマスペシャル」に進化してラインナップされ続ける、大ヒット作となりました。

■米国資本の傘下へ

　リーバは、創設以来、一貫してリーバ家の人々によって経営されてきました。しかし、1969年、米国のウィタッカー・マリングループ（Whittaker Marine Group）がリーバを買収します。カルロ・リーバによると、必ずしも会社の売却は本意ではなかったようですが、最終的に、彼が社長として残るかたちをとりながらも、経営権はウィタッカーに移ります。

　リーバを買収した当時のウィタッカーは、バートラム（Bertram）やトロージャン（Trojan）、コロナド（Coronado）といった、米国の有名ブランドを抱えていました。そういった関係があったためか、1970年、リーバにとって初めてのFRP製モデルは、バートラムのラインナップのリーバ版で、20フィートクラスの「バヒアマー（Bahia Mar）」と、25フィートクラスの「スポーツフィッシャーマン（Sport Fisherman）」でした。

現行ラインナップの最小モデルは、センターコンソールのSunriva

エクスプレスタイプのスポーツモデルの最大クラスは68 Ego Super

2009年現在のフラッグシップは115フィートの大型モデル、Athena

ただ、それらは、バートラムのモデルそのままではなく、スタイリングは微妙に変更され、内装もリーバ流の仕上げとなっています。イタリアのボート界の盟主としての主張だったのかもしれません。

社長として会社に残っていたカルロ・リーバが職を辞したのは、同社のラインナップにバートラムのモデルが組み入れられた翌年となる1971年。後任は、1950年以来のパートナーだったジーノ・ジェルヴァゾーニ（Gino Gervasoni）でした。ジェルヴァゾーニは、カルロの妹の夫、つまり、カルロにとっては義理の弟に当たる人物でもありましたから、同社とリーバ家は、まだかろうじて関係を保ち続けていたことにはなります。

ウィタッカーがバートラムを手放したということもあり、バートラムのモデルがリーバのラインナップに存在した期間はそれほど長くはありませんでしたが、それをきっかけに、同社のラインナップは、急速に近代化が図られ、FRPの斬新なモデルが次々に建造されるようになります。1975年の「リーバ2000（Riva 2000）」などもそのひとつで、このモデルは、1960年代にヨーロッパのレースシーンを席巻し、その後は比較的寡作となっていたレーサー／デザイナーのソニー・レヴィ（Renato "Sonny" Levi）の設計といわれています。

アグレッシブなスタイリング、卓越した高速航走能力、高級素材を惜しみなく使ったキャビンなど、現代のリーバに通じる同社のモデルの方向性は、このころ確立されたと考えていいでしょう。

◾️フェレッティ・グループへ

すでに高級ヨットビルダーとして世界的なシェアを確保していたリーバに、再び変化が訪れたのは1991年。英国のロールスロイス（Rolls Royce）が、同社の株式を100％取得し、会社の経営権を握ります。そして、同じ年、リーバ家の縁者としては最後の社長だったジーノ・ジェルヴァゾーニが退職することになります。

ロールスロイスのリーバ経営は1999年で終わり、同社の経営権は、同じ英国のステリカン・インベストメント（Stellican-Investment）に委譲されますが、ステリカン・インベストメントはわずか1年でリーバを手放し、同じイタリアのフェレッティ・グループ（Ferretti Group）が経営権を獲得。その後、現在に至るまで、リーバの経営は安定した状態にあるようです。

＊

現在のリーバは、オープンスタイルのモデルと、大型モーターヨットの2系統のラインナップを用意。フラッグシップは115フィートクラスの「アテナ（Athena）」ですが、かつてのアクアラマを現代的に洗練したようなランナバウトもラインナップしています。どのモデルにも感じられる革新性と伝統の絶妙なバランスは、リーバならではのものかもしれません。

Aquaramaの現代版というべきAquariva。これはSuper

```
Riva
http://www.riva-yacht.com/
```

079

リビエラ
RIVIERA

Australia ● オーストラリア

オーストラリアで最大の規模を誇る中〜大型艇ビルダー。
設立は1980年。早くから米国市場をターゲットにした、
コンバーチブル中心のラインナップで急成長。

同社がOpen Flybridgeと呼ぶコンバーチブルシリーズ。これは最新の38

48 Offshore Express。写真のようなタイプの他にハードトップタイプなどもあります

■バリーコッターのビルダー

リビエラマリンは、オーストラリアで最大級のビルダーであり、また、そのプロダクションの約50％が輸出されているという、国際的なブランドでもあります。

大手ビルダーの多くがそうであるように、リビエラの場合も、建造部門、販売部門などがそれぞれ個別会社化されたグループ企業になっていますが、中核となる建造部門の「リビエラマリン（Mfg）Pty Ltd.」で、建造に携わる「クラフツマン」だけでも1,000人近くといいますから、世界的に見てもかなりの規模のビルダーだということが分かります。

同社は1980年に38フィートクラスのモデルを建造するところからスタートしています。創設者はビル・バリーコッター（Bill Barry-Cotter）。彼は、オーストラリアのオフショアレースの世界ではかなり有名な人物で、現在も活躍しています。

バリーコッターは1966年に「マリナー（Mariner）」というビルダーを設立し、約12年にわたって経営していました。最初のモデルは木造の27フッター。彼自身の設計によるものだったそうです。同社はコールドモールド工法による40フィートクラスのモデルなども建造するくらいに「木造」の可能性を極めますが、1960年代の終わりには徐々にその素材をFRPへ変更。一時期はFRPハルにウッドデッキというモデルも建造していたようです。

マリナーは順調に発展し、規模も拡大されます。しかし、バリーコッターは1978年に同社を売却。一旦はボートビルディングから離れます。そして、1980年に再びボートビルディングを開始することになるのですが、それがリビエラマリンでした。

■コンバーチブル系モデル中心

前述したように、最初のモデルは38フィートクラス。このモデルは、後に「38 MkⅠ」と呼ばれるコンバーチブルで、設立の翌1981年に

は8艇が建造されたそうです。同社の記録では、当時の従業員数はたったの5人だったそうですから、それで38フィートクラスを年間8艇建造するのは、かなりのハードワークだったでしょう。

1983年には、初めて同社の建造したモデルが米国へ輸出されます。この年、同社は米国のジェンマーグループ（Genmar Group。現在のジェンマーホールディングス傘下のビルダーグループ）とリレーションシップを結んだようで、そういった関係もあったのだとは思いますが、設立3年目にして、早くも米国のボートマーケットへ進出する機会を得たことは、その後の同社のマーケティングに少なからぬ影響を及ぼすことになります。

1985年には、最初のヨーロッパ向けの輸出を行い、1986年には、同社の最初のプロダクションだった「38 MkⅠ」を「MkⅡ」にリニューアル。新世代のモデルへの移行を図ります。そして、その後も順調に生産規模は拡大され、1990年には、設立以来の延べ生産艇数が1,000艇を突破。1993年には48フィートクラスのコンバーチブルをラインナップに加え、大型モデルへの対応能力も示します。

1990年代に入ってしばらくすると、世界的にボート不況というべき状態になります。リビエラもそれと無関係ではいられなかったはずですが、毎年、必ず新しいモデルがラインナップに加わり、1999年には、現在の本拠が置かれているクイーンズランド州クーメラ（Coomera）に、それまでの3倍の規模となる新しい生産施設を建設します。

新しい生産施設に移転してからの同社は、それまでにも増して、急速に会社の規模を拡大しますが、2002年、バリーコッターはリビエラを売却。リビエラは投資グループなどが保有するビルダーとなります。

ちなみに、バリーコッターは、リビエラ売却で得た資金をもとに、あらたに「マリティモ（Maritimo）」というビルダーを興し、高級コンバーチブルの建造を始めることになります。

■ 米国市場で成功

リビエラは、オーストラリアのビルダーですが、早くから米国への輸出を開始していたため、米国でもよく知られたブランドになっています。設立から約30年で、同社が急速に成長したのは、米国における成功がひとつのカギになっていたといえるでしょう。

同社が米国に輸出を開始したのは1980年代の半ばからですが、1980年代の後半、米国のコンバーチブルビルダーは、一部を除いて、その主力をより大型で、より高級なモデルに移しつつありました。一方、そのころのリビエラのモデルは、小～中型のモデルが主流であり、また、当時のオーストラリア艇の多くがそうであったように、まだまだシンプルなものであったため、そういった意味でもコスト的にはかなり抑えられたものになっていました。米国における当時のリビエラのモデルの販売価格は、オーストラリアから米国への輸送費

Sport Yachtシリーズの最大かつ最新の5800。ボルボ・ペンタIPS600の3基掛け

を加えてもなお、買い得感のあるものだったようです。

リビエラは、当時の米国のコンバーチブルマーケットに生まれていた、ある種の隙間を埋めるかたちになりました。そして、当初はもっぱら価格やサイズのみで評価されていたそのモデル群も、米国からのフィードバックによって洗練の度合いを増し、ラインナップも拡大されて、さらに米国市場での評価を高めることに成功。米国のコンバーチブル市場における知名度は、もはや米国ビルダーのそれと変わりません。

*

2009年現在、同社のラインナップは33～70フィートクラスに23モデル。フラッグシップの「70 エンクローズド・フライブリッジ（70 Enclosed Flybridge）」は、その名のとおり、エンクローズドタイプのフライブリッジを備えた、70フィート強クラスの大型コンバーチブルです。

現在の同社は、クローズド・モールドを用いたインフュージョン工法を採用するなど、新しい工法の導入にも積極的です。リビエラは、これからもオーストラリアのボートビルディングをリードする存在であり続けるでしょう。

フラッグシップの70 Enclosed Flybridge。この種のモデルの大型化傾向に対応

Riviera Marine
http://www.riviera.com.au/

080

ロバロ
ROBALO

U.S.A. ● アメリカ

最初のモデルは、オフショア向き小型センターコンソールの先駆け。
経営面ではなかなか安定した状態にならなかったロバロも、
現在は堅実な経営の下、洗練されたモデルを次々にリリース。

■注目を集めた19フッター

ロバロを創設したジャド・ガービン（Judson "Jud" Garvin）は、米陸軍のベテランであり、また、ケネディ・スペースセンターで電気関係の仕事に携わる技術者でもありましたが、その一方、非常に熱心なハンターとして、またアングラーとしても、その世界では有名な人物だったようです。

自身のフィッシングやハンティングのスタイルに適したボートを建造しようと考えたガービンは、1967年（1968年という説もあります）にウィスコンシン州エヴァレット（Everett）にロバロボート社を設立。当時すでに「ディープV」の発明者として、また、初期のボストンホエラーの設計者として知られていたレイ・ハント（Ray Hunt）に設計を依頼し、ロバロの初号艇となる19フィートクラスのモデルを建造。翌年のマイアミボートショーに出品します。ちなみに、社名であり、ブランド名でもある「ロバロ」は、スペイン語で魚の「鱸（スズキ）」のことです。

この19フッターはセンターコンソール。ハントはこのアレンジを同時期のボストンホエラーなどでも用いていますが、サイドコンソールなどが多かった当時の小型艇のレイアウトとしては、最先端のもののひとつでした。

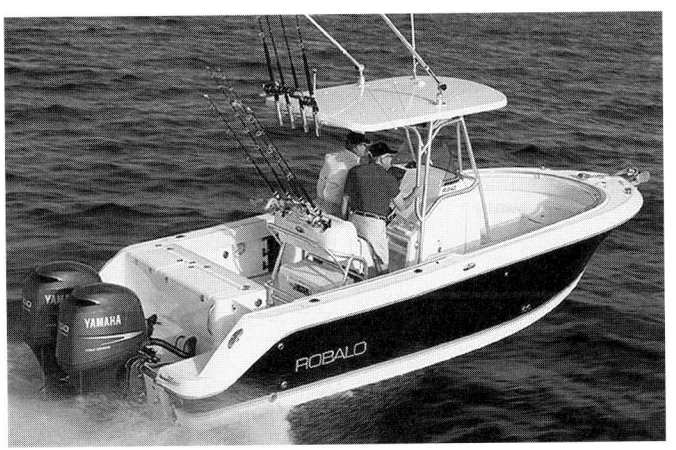

ブランズウィック傘下で開発された2440。ハルはWahoo!の流用だそうです

現在の同社を代表する1艇、センターコンソールの240

船型はハント・オリジナルのディープV。当初からある程度の波浪中でも走りきれるだけの航走能力が与えられていました。このモデルは米国のボート史上、「オフショア向きに設計された、初めての小型センターコンソール」とされることも多く、当時の小型艇の中では、特に優れた航走性能を備えていたことがうかがわれます。また、発泡素材の充填などによって不沈性も確保されており、そういったところも、小型ながらオフショアで通用するモデルと評される要因になっていたのでしょう。

■AMFの時代

1971年、ロバロはAMF（American Machine and Foundry）によって買収され、そのボートビルディング・

フラッグシップの305。同じハルを用いたセンターコンソールの300もあります

グループの一員となります。もっとも、AMFがロバロを買収した時点で、ラインナップは19フィートのセンターコンソール1艇種のみ。社員数もごくわずかです。当時としては最先端だった小型艇建造のノウハウとツーリング（tooling＝モールドやジグなどの生産用パーツや設備）を技術者付きで買い取った、というべきものだったのかもしれません。

AMFは、1960年代に大流行したボウリング関連事業で得た豊富な資金を背景に、さまざまなスポーツ用品分野へ進出。ボートビルダーの買収もその一環で、一時期は「ハトラス（Hatteras）」もその傘下でした。

創設者のガービンはロバロを離れ、他に彼が経営する機械加工関係の「バラマンディ社（Barramundi Corp.）」のビジネスに専念。その後1999年に亡くなるまで、同社の社長を務めていました。なお、この「バラマンディ」という社名も、スズキ目アカメ科の魚の名前で、ビルダーの「ロバロ」と同様、ゲームフィッシングの対象魚です。

さて、AMFの豊富な資金力をバックに、ロバロはラインナップを拡大。1970年代の半ばには、18〜26フィートクラスに6モデルをラインナップ。1980〜1981年には、センターコンソールだけでなく、バウカディなどのバリエーションを追加します。

■変化する経営体制

しかし、1980年代に入ると、一時期の熱狂的なボウリングブームが下火になったこともあって、AMFはそのビジネスを少しずつ縮小。1982年にロバロを売却します。

ロバロの経営を引き受けたのは、当時、コビアボート（Cobia Boat）を経営していたエド・アチュリー（Ed Atchley）。ロバロとコビアは企業グループを形成しますが、それぞれのブランドは、それまでと同様のモデルをラインナップし続けており、建造されるボートそのものに大きな変化があったわけではありませんでした。

ロバロがコビアとのグループを構成していたのは約10年間で、1991年、同社はボート関連コングロマリットの最大手、ブランズウィック（Brunswick）に買収されます。具体的には、ベイライナー（Bayliner）やマクサム（Maxum）を擁するUSマリングループに組み入れられ、1990年代の半ばには、やはりブランズウィックが買収したフィッシングボートビルダーの「ワフー！（Wahoo!）」と統合。ニューモデルも加わりますが、一部のモデルにワフーのハルを流用するなどの合理化も行われています。

1996年にブランズウィックがボストンホエラー（Boston Whaler）を買収すると、グループ内のオフショアスポーツフィッシャーマンを整理するためか、ロバロのラインナップには、ベイボートのようなタイプが増えてきます。そして、2001年には、ついに、ロバロの生産を中止し、施設は他のブランドの生産に転用するという発表がなされました。

■MPXの新生ロバロ

生産中止となった同社を受け入れたのが、現在の親会社である「マリンプロダクツ社（Marine Products Corp.＝MPX）」。同社は、シャパラルボート（Chaparral Boats）の経営母体です。聞くところによると、この買収は、熱心なアングラーでもあるMPX創設者のバック・ペグ（William "Buck" Pegg）が、ロバロを最高のスポーツフィッシャーマンに仕立て上げたいというところから始まったのだといいます。

ロバロはMPXの下で生産施設の構築からやり直し、ラインナップを順次改変。従来とはまったく異なる構造の、まったく異なる船型のモデルに置き換えていきました。

2009年現在のロバロは、22〜30フィートクラスにセンターコンソールとウォークアラウンドを4モデルずつと、22と24フィートクラスのデュアルコンソールというラインナップで、そのすべてが、2001年以降に設計されたブランニュー。スタイリングも、航走性能も、現在のロバロは、かつてのものとは一線を画す、洗練されたモデルになっています。

デュアルコンソールの247。マルチパーパス艇というべきモデルです

```
Robalo Boats
http://www.robalo.com/
```

081

ロッドマン
RODMAN

Spain ● スペイン

オフィシャルユーザー向けの高速艇の受注例も多い、スペインのFRPプレジャーボートの先駆者。
現在は74フィートクラスの大型モーターヨットも建造。

■FRPプレジャーボートでスタート

現在のロッドマンポリシップの前身にあたる造船所が設立されたのは1974年。創設者は、マニュエル・ロドリゲス・ヴァストス（Manuel Rodríguez Vázquez）。その当時の社名は「ロッドマン・コンストルクシオネス・ナヴァレス・インダストリアレス（Rodman Construcciones Navales Industriales）」というスペイン語のものだったようです。現在のロッドマンはオフィシャル向きのモデルも建造していますが、当初はプレジャーボート専門のビルダーでした。

スペインは古くからの海洋国であり、造船や造艇についても長い歴史を持つ国ですが、FRPボートの建造が本格化したのは意外に遅く、1974年に設立された同社が、最初にFRPボートをプロダクション化したもののひとつになるのだそうです。

その後、1986年にはもうひとつの会社が設立されます。「ポリシップ（Polysips）」と名づけられたこちらは、もっぱら鋼船の補修を主にする会社で、対象となるのは、いわゆる「本船」クラスのフネです。

そして1992年、この2社が統合されてできたのが、現在の「ロッドマンポリシップ」です。

この時点で、同社はFRPのプレジャーボートを建造するヤードと、8,000t級の浮きドックを備えた鋼船用のヤードの2カ所の造船施設を持つビルダーとなります。

コンバーチブル系モデルの1250FP（Fisher Pro）などもラインナップしています

■成長するロッドマン

ロッドマン（のFRP造艇部門）は、その後もプレジャーボートを建造し続けますが、同社にとって、その事業を拡大する上での大きな力となったのは、オフィシャルユーザーの小型艇が次々に新型化された際に、それらを受注できたということでしょう。同社がスペインで最も経験豊富なFRPボートビルダーであるということが、そういったビジネスを展開する上での大きなメリットとなっていたことはいうまでもありません。

現在も同社は、軍や官公庁などからの注文に応じて、多くのFRPモデルを建造しており、プレジャーボートとともに、同社のビジネスの中核をなすものとなっています。

1999年には、ポルトガルのヤードを買収。また、2001年にはやはりポルトガルに新しい施設を構築し、スペイン国内に2カ所、ポルトガルに2カ所の造船、造艇施設を保有するまでになります（ただし、その中には、鋼船などを専門とするヤードも含まれます）。

Muse 74。ロッドマンの全ラインナップ中で最大のスーパーヨット

＊

ロッドマンは2004年に外部の投資会社からの資本参加を受け付けます。これは、同社のラインナップに、より大きく、より豪華なモーターヨットを加えることが目的でした。そして2007年には、74フィートクラスを含む「ミューズ（Muse）」というシリーズが誕生します。

現在の同社は、8mクラスのファミリー向けのモデルから、74フィートクラスの高級モデルまでをラインナップし、国際ボート市場でも注目される大手ビルダーとなっています。

Rodman Polyships
http://www.rodman.es/

セイバー
SABRE

U.S.A. ● アメリカ

1970年代に設立され、セーリングクルーザーで成功した同社は、
1980年代の終わりにモータークルーザーの世界へ進出。
現在はダウンイースト・スタイルのモータークルーザーが中心。

■セールボート建造でスタート

　セイバーの創設者であるロジャー・ヒューソン（Roger Hewson）はカナダの出身。もともと、ディンギー（インターナショナル14クラス）や小型のセーリングクルーザーの設計などに関わったことのある技術者でした。彼は自身の考えるセールボートを建造しようと米国のメイン州に移り、1970年、彼の考えに賛同してくれた小数のクラフツマンたちと共に、小さな造船施設で28フィートクラスのセーリングクルーザーを建造します。これが、セイバー社（Sabre Corp.）というビルダーの始まりでした。

　翌1971年、このモデルは、ロードアイランド州のニューポート・ボートショー（Newport Boat Show）に「セイバー28（Sabre 28）」として出品され、当時のFRPモデルとしては非常に高い完成度を示していたこともあって、好評を博します。その結果、セイバー28は、その後15年にわたってラインナップされ、588艇が生産されるヒット作となりました。

　同社は、セールボートビルダーとして順調にその規模を拡大。ラインナップは28〜34フッターとなり、さらには38フッターなども加わって、1980年代の半ばには40フィート超クラスのモデルもプロダクション化されるようになります。

42 Express。最新モデルはCMDのポッドドライブ、ZEUSを搭載

フラッグシップは52 Express。大型のダウンイースト・タイプ

■モータークルーザー建造へ

　セールボートビルダーとしての地位を確立した同社は、新たな分野への進出を図り、1989年、「セイバーライン36（Sabreline 36）」と名づけられたモータークルーザーをデビューさせます。

　なお、同社は、このモデルを登場させてから2007年までの間、モータークルーザーを「セイバーライン」、セーリングクルーザーを「セイバー」として区別してきましたが、2008年からは、「セイバー」という名称に統一されました。ただ、2008年以降の同社のリリースなどにおいては、過去のモデルの名称まで含めたすべてが「セイバー」に置き換えられ、「セイバーライン」という名称は、なぜか存在しなかったかのようになっています。

　さて、「セイバーライン36」は、「ファスト・トローラー（Fast Trawler）」と呼ばれました。上部構造は、中央にパイロットハウスを備え、その前後にトランクキャビン配したトローラータイプだったのですが、ハルはトランサムデッドライズ14度の半滑走型で、搭載エンジンによっては、最高速が23〜24ノットに達したといいます。

　このモデルの成功により、同社はモータークルーザーの世界へ本格的に進出。その後、いわゆるダウンイースト・スタイルと呼ばれるような、トラディショナルなモデルをラインナップに加え、1990年代の後半くらいになると、ラインナップ中のモータークルーザーの数は、セーリングクルーザーの数を上回るようになります。

　2009年現在、同社のラインナップは、2モデルのセーリングクルーザーと6モデルのモータークルーザーで構成され、さらに新しいセーリングクルーザーのプランが発表されています。

Sabre Corp.
http://www.sabreyachts.com/

シーレイ
SEA RAY

U.S.A. ● アメリカ

創業は1959年。FRP製品を作る小さな会社がルーツ。
企業としての成長は、決して急速なものではなかったものの、
堅実な経営によって巨大ビルダーに。

■FRP製ボートでスタート

1925年生まれのC・N・レイ（Cornelius "Connie" Nathaniel Ray）が、米国ミシガン州、デトロイト（Detroit）郊外の小さなFRP製品の製作会社を手に入れ、ボートの建造を始めたのは1959年のことです。そのとき、彼は、その会社の名前を自身の名である「C. Ray」の発音に掛けて「Sea Ray（シーレイ）」とします。

彼が手に入れたのは、「工場」というよりも「工房」と呼ぶレベルの会社で、当時、主に製造していたのは、ゴルフカートのボディや棺桶などだったといいます。ボート（のようなもの）も作っていたようなのですが、せいぜい棺桶の延長上にあるようなものだったようで、まだその時点ではボートビルダーとはいえない状態でした。

C・N・レイがこの会社を手に入れたのは、当時の最新素材であるFRPで小型ボートを建造するためでした。彼は自身で小型船外機艇を設計し、さっそく「シーレイ」ブランドの第1号艇を建造します。

1950年代後半は、米国のボートビルディングの世界でFRPという素材が急速に普及し始めた時期ですが、まだまだ木造艇を建造するビルダーが多かった時代です。ボートを建造したいという彼が、木造艇を建造していた造船所ではなく、FRP製品についてのノウハウを持つ工房を手に入れることから始めたのは、その素材の将来に対する先見の明があったということでしょう。

C・N・レイは第2次世界大戦の終わりに米空軍に入隊。その後、レシプロエンジンのプロペラ機からジェット機という航空機の劇的な変遷をパイロットとして経験しており、新時代の航空機に用いられるさまざまな技術や、FRPなどの新しい複合素材に接する機会が少なからずありました。彼が当初からFRPの小型艇を建造しようと考えた背景には、そういったパイロットとしての経験も少なからず関係しているのではないかと思います。

ちなみに、2008年で83歳になったC・N・レイですが、どうやら、いまだに彼はビジネスジェット機を自身で操縦するパイロットでもあるようです。

■小型艇ビルダーとして成長

シーレイが最初に造った16フィートクラスのモデルは好評だったようで、会社設立の翌1960年には、早くも13〜17フィートクラスに6モデルのラインナップを構築しています。もちろん、全モデルが

同社の最初期モデルのひとつSea Ray 700。1960年版のカタログの画像です

1972年。SRV240ハードトップにフライブリッジを装備したSRV 240 Sport Bridge

FRP製。船外機仕様の小型ランナバウトのみのラインナップでしたが、当時としては、スマートなモデルばかりであり、また、木造の小型艇にくらべてメインテナンスが容易なこともあって、シーレイは短期間でボート市場での人気ブランドとなります。

同社がデトロイトの「工房」でボートを建造していたのはわずかな期間で、創設後、すぐに工場を移転しています。とはいえ、移転先は同じミシガン州のレイク・オリオン（Lake Orion）にあった古びたポテト倉庫で、本格的なボート工場ではありませんでしたが、それでも生産性は向上。その結果、1962年には自社工場を建設することができるようになります。そのときに建設された、ミシガン州オクスフォード（Oxford）の工場は、その後、規模を拡大しながら、長く同社の主幹生産施設となっていました。

オクスフォードの工場が建設された翌1963年、同社のラインナップには、スターンドライブ仕様のモデルが加わります。

スターンドライブに類似したパワーユニットそのものは、シーレイというビルダーが生まれる以前からあったのですが、現代のそれと同じ構造のものが本格的に供給されるようになったのは1960年代に入ってからです。シーレイはこの新しいタイプのパワーユニットにも早々に対応。ラインナップの16フィートと18フィートの2クラスにスターンドライブ仕様を追加。パワーユニットは、OMCあるいはマークルーザーのどちらかを選択できるようにしてありました。

■近代的な船型へ

シーレイのラインナップに初めて20フィートを超えるクラスのモデルが加わったのは1965年。この年、同社は「SR230」という22フィートクラスのモデルを追加します。このモデルは、それまでの同社のモデルとは若干異なり、フォアデッキ下にカディを備え、マリンヘッドなどもオプションで装備できる、いわゆるバウカディタイプとなっていました。このSR230は、スターンドライブの2基掛けも可能となっており、現代的なバウカディモデルにごく近い内容のものでした。

また、このモデルの船型は、同じ年に登場したSRX17というランナバウトとともに、ディープVをモディファイしたものとなっていました。それまでは滑走効率を重視したフラットV的な船型だったシーレイですが、このモデル以降、そのラインナップはディープV系の船型のものが主流となっていきます。

1966年、前年に登場したディープV系ハルのSR230とSRX17は、それぞれSRV230、SRV170となり、さらに同系のハルを用いたSRV190とSRV180を追加。これらは「SRV」シリーズとなり、その翌年から1985年まで、同社の基本ラインナップには、すべて「SRV」という名称が付くことになります。

■「サンダンサー」登場

1965年に「SR230」としてデビューしたモデルは、翌年に「SRV230」となり、さらに1968年には全長が1フィート伸ばされ、「SRV240」となっていました。このモデルは、当時のシーレイのフラッグシップです。

SRV240は、もともとバウカディタイプのモデルでしたが、そのフォアデッキ部分をわずかにかさ上げするなどしてカディの居住性を高めるとともに、ギャレーなどの設備も追加して、簡易クルーザー的モデルに仕上げたのが、1971年に登

1974年に登場したSRV 240 Sundancer。現在まで続く系譜の始祖となるモデルです

1975年に30フィートクラスが登場。SRV 300 Weekenderは最初のモデルのひとつ

場した「SRV240ウィークエンダー（Weekender）」です。ここ数年のラインナップには存在しませんが、この「ウィークエンダー」はその後シリーズ化され、比較的最近までそのシリーズ名は用いられていました。

さらにこの24フィートモデルには、「ハードトップ」やそのハードトップ上にフライブリッジを設けた、デイボートタイプの「スポーツブリッジ（Sport Bridge）」などが追加され、そういったタイプは、同社のモデルのバリエーション展開の標準となっていきます。そして、この「SRV24」のバリエーションのひとつが、1974年向けニューモデルとして登場した、現代的なエクスプレスクルーザーの「サンダンサー（Sundancer）」でした。この「SRV240サンダンサー」は、現在まで続く同社の主力シリーズの始祖ということになります。

60 Sundancer。24フィートから始まったシリーズも、現在は60フィート超まで拡大

SRV 360 Vanguard Express Cruiserもまた、1981年に登場した36フッターです

初めての36フッターのひとつは、1981年のSRV 360 Vanguard SF

1976年には30フィートのハルを用いてSRV 300 Sedanbridgeを建造します

2009年向けラインナップの最小モデルは170 Sport

■ゆっくりと堅実に成長

シーレイが16フィートの小型ランナバウトでボートビルダーとしての事業を開始したのが1959年。バウカディタイプのモデルをベースにした「ウィークエンダー」という簡易クルーザーをラインナップに加えたのは、それから9年後の1968年で、それがエクスプレスタイプの「サンダンサー」に発展するのは、さらにそれから8年後の1974年。ビルダー創設から15年が過ぎています。

また、ラインナップに30フィートクラスが追加されたのは1975年です。創設から16年をかけて、そのラインナップのフラッグシップを16フィートクラスから30フィートクラスに拡大してきたとも言えるわけで、シーレイというビルダーの成長速度は、かなりゆったりとしたものといえるでしょう。その間、創設者のC・N・レイが同社を率いるという経営体制にも変化はなく、きわめて堅実な経営が続けられていたように感じられます。

ちなみに、30フィートクラスよりも大きなモデル（36フィートクラス）がシーレイのラインナップに加わったのは1981年。30フィートクラスが加わったさらに6年後です。

■ブランズウィックの傘下に

それまで創設者のC・N・レイ自身が保有し、また、経営してきたシーレイがブランズウィック（Brunswick）に買収されたのは1986年。その際の買収額は、およそ3億5,000万ドルといわれており、当時のボートビルダーの買収額としては桁外れのものだったようです。

なお、経営権がブランズウィックに移った後も、C・N・レイは社長としてシーレイに残り、「名誉会長」という立場となって現場を離れたのは1990年になってからです。

ちなみに、その後のC・N・レイは、競走馬生産のための牧場を経営。すでに有名レースでの優勝馬なども輩出しているようです。

*

現在のシーレイは17フィートクラスのランナバウトから61フィートクラスのエクスプレスクルーザーまで、40近い数のモデルをラインナップ。ラインナップ中、ランナバウト系モデルとクルーザーの割合はほぼ1:1となっており、その多くがファミリーユーザー向きのモデルとなっています。

```
Sea Ray Boats
http://www.searay.com/
```

084

シースィール
SEASWIRL

U.S.A. ● アメリカ

1955年に設立された小型ボートビルダー。
現在はフィッシングボートの専門ビルダーとして活動しており、
スターンドライブ仕様のウォークアラウンドなどもラインナップ。

フラッグシップの3301WA。4ストローク250馬力の2基掛けが前提

■OMC傘下で成長

シースィールの設立は1955年（1954年の説あり）。シースィールの名称では、ファミリー向けのランナバウトなどをラインナップしていたようですが、その一方、「ストライパー（Stiriper）」という名前で、フィッシングボートのシリーズも用意していました。このストライパーは、現在も同社のモデルのシリーズ名です。ただし、現在の同社は、フィッシングボートの専門ビルダーとなっているため、ストライパー以外のシリーズはラインナップに存在しておらず、事実上、「ストライパー」はシースィールというビルダーのブランドのような位置づけになっています。

シースィールがその経営規模を拡大するきっかけとなったのは、1980年代の半ばに、ジョンソン／エビンルード（Johnson/Evinrude）船外機やOMCスターンドライブといったエンジンを製造するOMC（Outboard Marine Corp.）が同社を買収し、その傘下のボートビルダー・グループに組み入れたことでした。

OMCによる資金的なバックアップと、パッケージエンジンの供給によって、シースィールはラインナップを拡大。OMCグループ内では、もっぱら（米国内における）トレーラブルサイズのモデルを建造するビルダーとして活動することになります。

1990年代半ばには、26フィートクラスのウォークアラウンド・スポーツフィッシャーマンをフラッグシップとし、フィッシングボート以外にも、ランナバウトや小型のエクスプレスクルーザーなどをラインナップする、総合トレーラブルボートビルダーとなっていました。

■フィッシングモデル専門へ

1990年代に入って始まった、いわゆる「ボート不況」は、多くのビルダーやボート関係業者に少なからぬ影響を与えました。シースィールの親会社のOMCは、新世代船外機の「FICHT」の開発への投資などが大きかったこともあって、ついにその「不況」を脱することができず、2000年末に倒産。傘下の有力なボートビルダーのほとんどは、やはり大手ボートビルダー・グループを抱えるジェンマーインダストリーズ（Genmar Industries。現在のジェンマーホールディングス）に引き取られることになります。

トレーラブルクラスとはいえ、幅広い艇種を抱えていたシースィールは、当然、そのラインナップを縮小。フィッシングボート専門ビルダーとして、再出発するかたちになりました。

2009年向けのラインナップは18〜33フィートクラス。前述したように「ストライパー」シリーズのフィッシングボートのみですが、面白いことに、ラインナップの大半はウォークアラウンドで、同種同クラスのモデルを建造する他の多くのビルダーのようにセンターコンソールを中心としたものではありません。また、パワーユニットとしてスターンドライブを搭載するモデルもかなりあり、そのラインナップは、独自のポリシーを感じさせるものとなっています。

Seaswirl Boats
http://www.seaswirl.com/

085

シーライン
SEALINE

U.K. ● イギリス

1972年に創設者自身が建造した23フッターがルーツ。
現在では、スポーツクルーザーとフライブリッジセダン、
29〜60フィートクラスでラインナップを構成する大手ビルダー。

■ファイバーソニックマリン

2008年後半には、世界的な不況への対応から、200名以上の人員整理を行うとともに、複数あった生産施設も統合して、生産規模を縮小するという発表がなされたばかりですが、もともとシーラインインターナショナルは、英国で最大手と目されるビルダーのひとつであり、規模縮小によって生産能力が低くなるとはいっても、英国内における主要ビルダーのひとつであることに違いはありません。

同社は、当初「ファイバーソニックマリン（Fibrasonic Marine）」という名称で、「シーライン」はそのブランド名でした。「シーライン」という名のボートを建造する造船所が設立されたのは1972年。創設者はトム・マラント（Tom Murrant）という人物です。

マラントは1939年生まれだそうですから、シーラインを設立したのは、32〜33歳の頃ということになります。もともと彼は航空機産業の関係者だったのですが、そんな彼が、たまたま自身の趣味に近いかたちで、仲間とともに建造した23フィートクラスのクルーザーの出来が良かったことから、それをビジネスにしたというのがこのビルダーのスタートでした。しかし、決して予算に余裕があったわけではなかったようで、最初は全社員を合わせても5人程度の零細造船所だったということです。

■現在はブランズウィックの傘下

シーラインのクルーザーは、よく出来たものでしたが、ビルダーの規模が小さかったこともあり、市場での知名度が高まるには時間がかかりました。ただ、それでも、1980年代の終わりから1990年代の初めくらいには、英国のマリンシーンでも注目されるブランドのひとつになっており、同社のモデルが初めて日本に輸入されたのもその頃だったはずです。

1998年、マラントは同社を企業家のジェラード・ウェインライト（Gerard Wainwright）に売却して、ボートビジネスから引退。ウェインライトは、自身がCEOとして同社を率い、シーラインをより洗練されたものに仕立て上げ、ラインナップを拡大し、さらに国際的なボート市場へも積極的に進出を図ります。

そんなウェインライトが選択した経営規模拡大の方策のひとつが、より大きなボートビルディンググループの資本傘下に入ることでした。2001年、彼はシーラインを米国のブランズウィック（Brunswick）に売却。ただし、自身はCEOとして同社の経営を続け、2004年に代表権のない会長に退いた後、2005年に同社を離れます。

＊

最初に述べたように、同社は経

ラインナップでは最小となるSC29。中央に大きな開口を持つハードトップ（キャンバストップ）が特徴

スポーツクルーザーシリーズの最大艇SC47。直線的な形状のハードトップ（キャンバストップ）を装備

フライブリッジクルーザーシリーズの最大艇、T60。デッキハウス側面のウインドウ形状は、他のシリーズ各艇と共通なもの

営規模縮小を発表しているため、今後、ラインナップにその影響が現れる可能性は少なからずありますが、2009年現在、スポーツクルーザーとフライブリッジセダンで構成されるラインナップは、29〜60フィートクラスに11モデル。そのエンジニアリングやスタイリングなどは、すべて社内のチームによるものだそうです。

Sealine International
http://www.sealine.com/

086

シースポーツ
SEA SPORT

U.S.A. ● アメリカ

カナダとの国境に近い米国ワシントン州のベリングハムで、
1955年の創業時からFRP製ボートを建造してきたビルダー。
地域性を感じさせるパイロットハウス型モデルをラインナップ。

◼FRP小型艇の先駆者

シースポーツボート社のルーツは、1955年、米国ワシントン州のベリングハム(Bellingham)にフランク・ライト(Frank Wright)が設立した「ライト・マニュファクチャリング社(Wright Manufacturing Co.)」です。

ライト・マニュファクチャリングは、主に12フィートクラスのカートップボートを建造。「シアーズ(Sears＝カタログ通販で有名な米国の百貨店)」などで販売されたようですが、注目したいのは、その素材が最初からFRPだったこと。同社は米国でFRP製小型量産艇を建造した、最初期のビルダーのひとつでした。

ライト・マニュファクチャリングは、その後、生産艇の大型化を図り、会社の規模も拡大。米国本土の北西端に位置する立地条件などもあって、カナダの西海岸やアラスカの沿岸といった海域で使われるフィッシングボートなどがラインナップの中核になっていきます。

ライト・マニュファクチャリングの経営は、フランク・ライトのふたりの息子であるロンとデイビッド(Ron Wright, David Wright)が受け継ぎ、社名も「ライト・ブラザーズ社(Wright Brothers Inc.)」に変更して、1983年には、現在の同社のモデルにつながる、パイロットハウス型のモデルを建造。「シースポーツ」というブランド名(後に社名になります)が用いられるようになったのも、このころからだったようです。業務用モデルのように前傾した前面ウインドウを持つそのパイロットハウス型モデルは、当初、22フィートで始まり、その後、24フィートクラスと27フィートクラスが続き、1996年には30フィートクラスもラインナップに加えられました。

ラインナップでは最小モデルの2200 Sportman。船外機仕様とスターンドライブ仕様の両方が用意されています

フラッグシップの3200 Pacificは、同社のラインナップ中、唯一のカタマランであり、また唯一のフライブリッジ艇でもあります

◼現在もファミリービジネス

もともと、ライト家のファミリービジネスだった「シースポーツ」ですが、その経営権は、2000年にチャック・リンドハウト(Chuck Lindhout)に売却されています。

リンドハウトは、シースポーツの本拠があるベリングハムで、そのディーラーである「ブーンドック・ボート＆モーターズ(BoonDock Boats and Motors)」を経営してきた人物。ライト兄弟とは旧知の間柄でもありましたから、この経営権の移譲は、ごくスムースに行われたようです。

その結果、経営者は変わったものの、ファミリービジネスという経営形態そのものに変化はなく、現在は、チャックの息子であるジェフ・リンドハウト(Jeff Lindhout)がシースポーツの経営者となっています。

＊

同社は、近年、FRP成型にインフュージョン方式を導入。近代的なFRP艇建造システムの導入にも積極的に取り組んでいるようです。

現行ラインナップの中核は、前述した22～30フィートのモデルですが、2000年以来のラインナップとなる、フラッグシップの32フッターは、上部構造こそそれまでの同社のモデルと同じスタイルのものながら、ハルはカタマランという、少し変わった仕上がりのモデルです。

Sea Sport Boats
http://www.seasportboats.com/

087

シーワード
SEAWARD

U.K. ● イギリス

パイロットボート風モデルをラインナップする英国ビルダー。
堪航性を重視したクルーザーで好評を博し、
同じコンセプトの小型モデルもシリーズ化。

■パイロットボート

シーワードマリン社は、堪航性に優れた、実用艇風のモデルをラインナップするビルダーとして知られています。やや無骨な雰囲気を持つ、そのラインナップから受ける印象からすると、古くから存在するビルダーに思えますが、設立は1980年で、意外に最近というべきかもしれません。創設者は現在も社長として同社を率いるバリー・キンバー(Barry Kimber)です。

最初期のモデルは40フィートクラスのパイロットボート(Pilot Boat=入出港船を誘導したり、水先人を本船まで運んだりするボート)風のもので、このモデルは、その後、ネルソン45、ネルソン42(Nelson 45, 42)というモーターヨットシリーズに発展。これらのモデルは1982年のサウザンプトン・ボートショーに出品されて好評を博し、シーワードというビルダーの基礎を築く役割を果たしています。

1983年、同社は、中〜大型レンジのモデルと同じような方向性を持つ小型艇の開発を開始します。TTボートデザイン(TT Boat Desigh Ltd.)の設計によるその小型艇は、23フィートクラスながら2基のディーゼルエンジンを備え、それぞれのエンジンに対応した2基の燃料タンクと2系統のバッテリーシステムを持つもので、このクラスとしては、他に類をみないほど堪航性を重視したものとなっていました。

この23フッターは1985年のサウザンプトン・ボートショーでデビュー。多くの顧客からの支持を集め、1988年には、このモデルのオーナーズクラブが結成されて、イベントなども開催されるようになります。

23フィートモデルの成功と、顧客からの要望を背景に、1990年には、25フィートと29フィートのモデルをラインナップに追加。一躍、小型パイロットボートが同社の主力シリーズとなります。

■現行ラインナップは6モデル

21世紀に入ったところで、同社は小型艇シリーズの延長上に35フィートクラスのモデルを追加し、さらにラインナップを拡大。一方、大きなクラスのモータークルーザーとして、実全長が50フィートを超える「タリスマン49(Tlisman 49)」をラインナップに加えています。

2009年現在の同社のラインナップは、23〜35フィートクラスに4モデルの「シーワード(Seaward)」シリーズ、中〜大型レンジに「ネルソン42」と「タリスマン49」という2モデルのモーターヨットという組み合わせになっており、全6モデルです。

シーワードシリーズは、同社初の小型艇としてデビューした23フッターのコンセプトを受け継ぎながら、徐々にサイズが拡大された、パイロットボート風のもの。一方、中〜大型レンジのクルーザーは、同社設立以来の英国風クルージングモデルです。

*

どこかに実用艇的な雰囲気を持つシーワードのモデルは、現代のクルーザーの中で、異彩を放つ存在です。しかし、それこそがこのビルダーの「らしさ」なのです。

小型艇シリーズ最初のモデルであり、現在もラインナップ最小クラスのSeaward 23

ラインナップのフラッグシップであり、最新モデルでもあるTalisman 49

Seaward Marine
http://www.seawardboat.com/

シャムロック
SHAMROCK

U.S.A. ● アメリカ

インボードダイレクトドライブを20フィートクラスの小型艇にも採用。
1971年の創設以来の基本コンセプトを
現在も継承するフィッシングボートビルダー。

■キールドライブ

シャムロックは1971年に創設されたビルダーです。

同社のモデルは、自身が「キールドライブ(Keel-Drive)」と呼ぶ、インボードダイレクトドライブ仕様であることが特徴です。

キールドライブは、それほど特殊なものではなく、キールのほぼ全長に渡るスケグとその後端のプロペラ、プロペラをガードするシューピースという組み合わせのトラディショナルなインボードダイレクトドライブなのです。ただし、スケグはシャマイト(樹脂と珪砂の混合物)が充填された非常に強固なもので、船底やプロペラ、舵板などをガードし、なおかつ、駆動系全体の剛性を保つ役割も果たすようになっていました。

また、通常、こういった駆動系は、ある程度の大きさの実用艇などに用いられるものですが、同社の最初のモデルは20フィートクラスの小型フィッシングボート。シャムロックのこの小型艇は、小さいながらもタフなモデルとして、フィッシングユーザーなどから支持されるようになり、ラインナップは少しずつ拡大。1980年代の初めには、26フィートクラスのモデルもラインナップされ、シャムロックは、米国のフィッシングボート市場において、独自の地位を築きます。

■経営の変化

ラインナップが整い、各クラスのモデルのバリエーションが増えていた1980年代の末には、31フィートクラスのエクスプレスフィッシャーマンもラインナップ。このモデルは、一般的なインボード2基掛けで、キールドライブではありませんでしたが、シャムロックらしい質実剛健なモデルで、同社の他のシリーズに混じっても、あまり違和感はありませんでした。

そんなシャムロックも1990年代の不況で経営が悪化。いったんは生産を停止するところまでいったようですが、1994年にKCSインターナショナル(KCS International)がその生産施設を購入するかたちで、同社を傘下に入れ、ラインナップは継続生産されるようになります。しかし、10年後の2004年、シャムロックはシアトルのパーマー・マリン(Palmar Marine)によって買収され、再度、その経営形態が変化。現行ラインナップは、パーマー・マリンのボート建造部門であるブレイデン・コンポジット(Bladen Composites)によって建造されています。

なお、パーマー・マリンは、アルビン(Albin)やデファイアンス(Defiance)といったビルダーもその傘下に収めており、シャムロックと同様にブレイデン・コンポジットでそれらを建造しています。

＊

現在のシャムロックは22〜27フィートクラスに7モデルというラインナップです。スタイリングは、かつてのモデルに比べて、いくらか現代的になっていますが、特徴的なキールドライブは、現在も全モデルが採用しており、また、同じく全モデルがディーゼルエンジンを標準的に搭載しています。現代においても、創設時のコンセプトを具体的な造作として継承しているビルダーです。

最小モデルの220 Predator。22フィートの小型モデルながらもインボード仕様

フラッグシップの270 Mackinaw。実用性を重視したパイロットハウスタイプです

Shamrock Boats
http://www.shamrockboats.com/

089

シグネチャー
SIGNATURE

Australia ● オーストラリア

オーストラリアのヘインズ・グループが建造するプレジャーボート。
フィッシングボートやファミリーボートが中心のラインナップは、
コンパクトなモデルがその大部分を占めています。

■ヘインズ・グループ

シグネチャーは、オーストラリアのヘインズ・グループ（Haines Group）の傘下のビルダーのひとつです。

ヘインズ・グループは、ヘインズ家が経営するファミリービジネスです。このシグネチャー以外にもいくつかのビルダーを擁しており、その中にはスキーボートのノーティック（Nautiques）も含まれています。また、現在、船外機の「スズキ」のオーストラリアとニュージーランドの総代理店であり、スズキがオーストラリアの船外機市場で大きくそのシェアを伸ばす原動力ともなりました。

1960年代、ヘインズ家はヘインズの名を冠したボートビルダーを設立します。「ヘインズ・ハンター（Haines Hunter）」です。これは、現在も存在するビルダーですが、1970年代にヘインズ家以外の外部資本が経営権を得たことにより、完全にヘインズ家の手を離れてしまいました。その結果、その後しばらくの間、ヘインズ家はボートビルディングの世界から遠ざかることになります。

ヘインズ家のジョン・ヘインズ（John Haines, Sr.）によって、再びボートビルディングが開始されたのは、それからさらに10年後の1980年代。彼は現在のヘインズ・グループの基礎を作り、シグネチャー・シリーズの建造を開始します。

全長5メートルほどの可愛らしいバウカディ・フィッシャーマン493EL

■RTMを導入

シグネチャーシリーズは、ジョン・ヘインズが「No Frills（フリルが付いていない＝虚飾を廃した）」と表現するシンプルなものでしたが、その分、価格的にリーズナブルで、航走能力はしっかりとしたものという評価を受け、市場でのシェアを伸ばすことに成功。小型ボートのカテゴリーでは、ボート・オブ・ジ・イヤーなどのアウォードの常連になります。

そして、2007年には、生産施設を近代化して、クローズド・モールドのRTM（Resin Transfer Molding）システムを導入。さらにボートの品質を向上させるとともに、ボート建造環境そのものを一新しました。

現在のシグネチャー・シリーズは、大まかに3種類のカテゴリーのモデルで構成されています。

もっとも数が多いのはフィッシング向けのモデルですが、クルージング向けとされるモデルや、スポーティーなバウライダーなどもラインナップされています。

本格的なクルージングボートとして開発された現行最大艇770C

ラインナップの最大艇は全長8.42mのクルージングタイプですが、（オーストラリア本国で）トレーラブルを前提としたようなクラスがほとんどで、全長が5m台のモデルにも、いかにも楽しそうなバウカディタイプなどが用意されています。

＊

基本的にコンパクトなモデルが多く、また、ボート、トレーラー、船外機をセットにしたパッケージ販売などにも積極的で、価格競争力が注目されることの多いビルダーですが、RTMによる建造システムを導入するなど、ボートビルディングの近代化や合理化にも注目したいところ。新しいタイプのビルダーというべきかもしれません。

Signature Boats
(Haines Marine Industries)
http://www.haines-marine.com.au/

シルバートン
SILVERTON

U.S.A. ● アメリカ

ルアーズ家のファミリービジネス再興の中心。
現行ラインナップの中核はアッパーミドルのセダン系。
近年、「オベーション」という新ブランドを設立。

○ シルバートンは、現在、ルアーズ・マリングループというグループ企業傘下のビルダーのひとつです。同グループのことや、その創設者であるルアーズ家については、88ページの「ルアーズ」の項に記してありますので、そちらを参照してください。

現在のラインナップの最小モデル33 Sport Coupe

■ルアーズ家のビジネス

ヘンリー・ルアーズ（Henry Luhrs）が設立し、その息子たちであるジョン（John Luhrs）とウォーレン（Warren Luhrs）のルアーズ兄弟が発展させた「ルアーズ・シースキフ（Luhrs Sea Skiffs）」は、1965年に「バンガープンタ（Bangor Punta）」に買収されました。その時点で、すでにルアーズ・シースキフは、年間1,000艇のボートを生産する会社になっていたといいますから、当時としては、かなりの規模だったわけです。

会社を手放したルアーズ兄弟ですが、ボートビルディングそのものをあきらめたわけではなく、再び新しいビルダーを立ち上げるためのチャンスをうかがっていたところでした。

そんなルアーズ兄弟の目に留まったのが、ニュージャージー州のトムズ川（Toms River）で、小型艇を建造していた「シルバートン・シースキフ（Silverton Sea Skiffs）」という小さな造船所です。

ルアーズ兄弟は、1969年にシルバートン・シースキフを手に入れます。そして、「シルバートン」という名称を残しながら、その社名を「シルバートン・マリン（Silverton Marine）」に変更。現代の同社に直接つながる、「ルアーズグループのシルバートン」の歴史はこのときから始まります。

■メインシップを設立

1970年代、シルバートンは徐々にそのラインナップを拡大します。

1976年には31フィートクラスのフライブリッジモデルを、さらにその2年後には、同様のニュアンスでまとめられた34フィートクラスをラインナップに加えます。これら2モデルは、「コンバーチブル」と呼ばれていますが、内容的にも、またそのスタイリングなども、フライブリッジセダンに近いものとなっていました。

なお、この「34コンバーチブル」は、非常に好評で、その後もモデルチェンジやマイナーチェンジで登場した、新しいモデルが後継艇種としてその名称を受け継ぐことになります。

1978年、シルバートンは好燃費なトローラータイプの「メインシップ34トローラー」をリリース。その後、メインシップはシルバートンから独立したビルダーとなります。

＊

一時期のシルバートンのラインナップには、20フィート台のエクスプレスクルーザーなども含まれていましたが、現在は、33〜50フィートクラスのセダンやモーターヨット、コンバーチブルといった艇種でラインナップを構成しています。

また、最近、従来のラインナップとは別に、「オベーション（Ovation）」というまったく新しいブランドを立ち上げました。

現在のシルバートンでは珍しい、トーナメント仕様のコンバーチブル50 T-Series

Silverton Marine
http://www.silverton.com/

スタマス
STAMAS

U.S.A. ● アメリカ

1940年代にスタマス兄弟が木造漁船の建造で起業。
1950年代には、他に先駆けてラインナップをFRP化し、
現在はフィッシングボートの専門ビルダーに。

■高い技術の木造艇

スタマスは、ピートとニックのスタマス兄弟（Pete Stamas, Nick Stamas）が1940年代に始めた、フロリダの小さな造船所がルーツとなるビルダーです。

同社は、現在もスタマス兄弟につながる血縁者によるファミリービジネスという形態がとられているようで、同種の経営形態をとるビルダーとしては、米国でももっとも古くから続いているもののひとつだそうです。

スタマス兄弟の造船所は、当初、漁船などを中心とした実用艇を建造していました。その後、そういった漁船に加えて、チャーターフィッシング向きのモデルなども建造するようになり、さらにプレジャーボート的なモデルも建造するようになったようです。

この当時は、漁船も、また、チャーター用のフィッシングボートも、もちろんまだ木造艇の時代です。同社の資料によると、スタマス兄弟は、その地域に住んでいたギリシャ人の船大工から木造艇の建造方法を学んだそうですから、おそらくギリシャの伝統的な小型艇の建造方法を用いていたのでしょう。そういったこともあってか、彼らの建造するボートは丈夫で、また、堪航性も高いという評判を得ることができ、その結果、スタマス兄弟の造船所は、少しずつ大きくなります。しかし、第2次世界大戦により、彼らの造船事業は、いったん停止します。

■1950年代にFRP化

スタマス兄弟は、第2次世界大戦が終わるとすぐに戦争前と同様に造船を始めます。

1950年代、彼らの造船所の木造艇建造技術は、戦争前と同様に高く評価されており、建造されていた木造艇は、性能的にも機能的にも優れていたのですが、スタマス兄弟は、当時の最新素材であったFRPの可能性に注目。積極的にそれを採用します。そして、1959年、スタマスの造船所はすべてのラインナップをFRP化しました。

なお、もともと同社の建造するモデルは「スタマス製」でしたが、「スタマスヨット」という名称が使われるようになったのは、戦後、造船事業を再開し、その主なプロダクションがプレジャーボートになってからだったようです。

早い時期からFRPという素材を採用していたこともあり、スタマスのモデルは、インナーライナーを用いた船内の一体成型などの現代的なFRP艇構造も、ほかのビルダーに先駆けて採用しています。

＊

現在のスタマスは、フィッシング

船外機仕様の340 Express。船尾形状の異なるインボード仕様もあります

センターコンソールはTarponと名づけられています。これは270 Tarpon

ボートの専門ビルダーです。

2009年現在のラインナップは27～37フィートクラスに6モデルのエクスプレスフィッシャーマンと、25～34フィートクラスに5モデルのセンターコンソール。

ユニークなのは、このラインナップ中、一部のモデルは船外機専用、あるいはインボード専用となっているものの、それ以外のモデルにはすべてインボード仕様と船外機仕様の両方が用意されているということでしょう。5モデルのセンターコンソールはすべてインボード仕様か船外機仕様かを選ぶことが可能です。

Stamas Yacht
http://www.stamas.com/

ステバー
STEBER

Australia ● オーストラリア

第2次世界大戦直後のシドニーで誕生した小型艇ビルダーは、素材をFRPに変更し、施設を拡張してクルーザービルダーに。現在はコマーシャルユーザー向けラインナップも充実。

■小型木造艇から

ステバーは、オーストラリアのボートビルダーの中で、早くからそのFRP化を進めてきたところとして知られています。ラインナップをFRP化したのは1959年。現在は、プレジャーボートだけでなく、漁船や業務艇、さらには、鉄道車両の先頭部分など、マリン分野以外の工業製品のFRP製パーツなども製作しています。

「ステバークラフト(Steber Craft)」というボートビルダーがシドニーでボートの建造を始めたのは、1946年のことでした。創設者はブルース・ステバー(Bruce Steber)。同じシドニーの「ダグラス・ボートヤード(Douglas Boatyard)」で経験を積んだ後に独立した彼は、まずクリンカー張りの小型スキフの建造などから、自身のボートビジネスを開始します。

前述したように、同社は1959年に素材をFRPに変更。生産性が向上したこともあって、より多くの顧客を得ることになり、生産艇の大型化やラインナップの拡大が図られます。

1973～1974年、同社はシドニーから海岸線沿いに300kmほど北にある、ニューサウスウェルズ州のタリー(Taree)に移転。それ以来、現在も同社の本拠はこのタリーに置かれています。

新工場は、25,000m²という広大な敷地を持つものでしたが、その後さらに拡張され、現在は、約45,000m²。レール類などの金属艤装品や内装の家具類などを製作する部門も自社で抱える同社は、それらを作るための工場もすべてここに集約されており、建造システム合理化の一端ともなっているようです。

■ラインナップの充実

新工場に移転したステバーは、最小クラスのランナバウト的なモデルをラインナップから外し、20フィート超クラス、特にクルーザータイプのモデルをそのプロダクションの中心とします。

1980～1990年代、同社のラインナップはさらに充実。さまざまな雑誌や協会などによるボート関係のアウォードを受賞。また、「地域スモールビジネス(Regional Small Business)」や、「エクセレンス・イン・ビジネス(Excellence in Business)」といった、ビジネス関係のアウォードの受賞例も少なくないようです。

なお、同社の名称は、創設以来ずっと「ステバークラフト」だったのですが、近年は輸出が増加したことなどもあってか、「ステバーインターナショナル」という現在の社名に変更されました。

Steber 3800は、同社の60周年記念艇という位置づけの最新モデルです

ラインナップ最小艇のSteber 2200。同社のルーツを彷彿とさせるクリンカー張りを模したハルの小型クルーザーです

現在の同社のラインナップは、プレジャーユースのものとコマーシャルユースのものの2本立てです。ともに22フィートクラスから52フィートクラスで構成されており、艇体を共用しているものが多いようです。また、ミリタリーユーザー向けにRIB(Rigid Bottom Inflatable Boat)も建造しています。

＊

同種のクルーザーの中では、比較的シンプルな、実用性を重視した造りのモデルが多いビルダーです。それもまた、同社のポリシーなのでしょう。

Steber International
http://www.steber.com.au/

ストレブロ
STOREBRO

Sweden ● スウェーデン

18世紀から続く企業のボート建造部門として1946年に設立され、
高品質な中～大型クルーザーを建造してきたビルダー。
現在は、同じスウェーデンのニンバスが抱えるビルダーグループの一員。

◾会社は18世紀から

ストレブロは、スウェーデンの「ストレブロ・ブルークス(Storebro Bruks)」の建造するボートのブランドです(「ブルーク」はスウェーデン語で「モーター(motor＝発動機)」の意)。このストレブロ・ブルークスは、もともと1728年に設立された、(金属の)鋳造物などを造る、大手の鍛冶屋のような工房だったようです。そこでは、シップス・ベル(ship's bell＝八点鐘、時鐘)なども造っていたそうですが、海やボートに直接関係していたわけではありません。

会社はその後、少しずつ大きくなり、20世紀に入ると、化学関係や工作機械関係などの部門が生まれます。特に旋盤を初めとした工作機械の分野では、その後、スウェーデンのトップ企業となりました。なお、この分野の事業は、現在「ストレブロ・マシンツール(Storebro Machine Tools)」という分離独立した別の会社が受け継いでいます。

1946年、当時のストレブロ・ブルークスの経営者だったイーヴァル・グスタフソン(Ivar Gustafsson)は、彼自身の興味と、事業の多角化のために、高品質なボートを建造するためのボートヤードを設立。これが、現代につながるストレブロのボート事業の直接のルーツです。

当初のモデルは、マホガニー製の木造ランナバウト。そして、1950年代の半ばくらいには、やはり木造ですが、クルーザーもラインナップに加わり、徐々に大型のモデルが建造されるようになります。1969年に同社は初めてFRP製モデルを建造。すでに12mクラスの(当時としては大型の)木造クルーザーまでラインナップしていた同社ですが、そのラインナップを、ほぼそのままFRP化していきます。

◾ニンバスと提携

ストレブロは、一時期、日本でも盛んに輸入されていましたが、その当時のストレブロには、どのモデルにも「SRC」という名称がついていました。これは「Storebro Royal Cruiser(ストレブロ・ロイヤル・クルーザー)」の意で、1980年代の初めに、同社のモデルがスウェーデン王室に納入されたことが理由です。いわゆる「王室御用達」のビルダーだったわけです。

しかし、1990年代になって経済状況が悪化すると、ストレブロのような高級志向のモデルをラインナップしていたビルダーは厳しい状況に置かれることになります。ちょうど、同社にとっては、「ストレブロ730」という大型モデルの開発を終えたところでしたから、さらに厳しいものがあったと思います。

1999年、ストレブロは、同じスウェーデンの大手ビルダー、ニンバス(Nimbus)と提携。その後、経営形態としては、ニンバスが抱えるボートビルディンググループの一員というかたちになっています。

＊

現在のストレブロのラインナップは、3モデルのクルーザーと、1モデルのミリタリーユーザー向けモデル。最小モデルはニンバス・ブランドでも併売されています。

ラインナップの最大艇475 Commander。ニンバスの影響が大きいモデルです

ニンバスにも同じ名前でラインナップされている410 Commander

Storebro Bruks
http://www.storebro.se/

サンシーカー
SUNSEEKER

U.K. ● イギリス

1960年代の初めに生まれた小型艇ビルダーから、
100フィート超クラスのプロダクションモデルをラインナップする
世界的なスーパーヨットビルダーに成長。

■フェアクリフ・マリン

サンシーカー・インターナショナルは、現在の英国を代表するボートビルダーのひとつです。同社によると、そのプロダクションの99%が輸出されているということですから、英企業としては、（マリン関係以外を含めても）特に国際的知名度の高いもののひとつでしょう。

サンシーカーが現在の社名を用いるようになったのは1984年ですが、ビルダーとしての歴史は、その20年以上前から始まっています。

ロバートとジョンのブレイスウェイト兄弟（Robert Braithwaite, John Braithwaite）が「フェアクリフ・マリン（Fair Cliff Marine）」を創設したのは1962年。これがサンシーカーのルーツとなるビルダーです。

フェアクリフ・マリンは、当時の小型艇ビルダーの多くと同様、合板などを用いてランナバウトやスキフを建造するビルダーでしたが、少しずつその規模を拡大し、1968年には、現在もサンシーカーの本拠が置かれているプール（Poole）に工場を新設。より大きく、また、より高級なモデルを建造するようになります。

■ドン・シェッド

フェアクリフ・マリンがプールに工場を設けようとしていたころ、モーターボートの世界は、1960年に登場したレイ・ハント（Ray Hunt）の手に成る最初のディープV船型から、次の世代のディープVに移行しつつある時期でした。米国のジム・ウィン（Jim Wynne）やイタリアのソニー・レヴィ（Renato "Sonny" Levi）などが考案した船型は、まさにそういったものの代表といえるでしょう。

大型スポーツヨットPredator 108。近々にPredator 130が登場

そんな時期の英国に現れたのが、ドン・シェッド（Donovan "Don" Shead）というデザイナーです。

英国では、1961年以来、「カウズ～トーキー・レース（Cowes-Torquay Race）」という、過酷なオフショアパワーボートレースが行われていたのですが、その第8回大会（1968年）で優勝したのは、第1回大会の優勝者でもある英国人のトミー・ソップィース（Tommy Sopwith）。そして、そのとき彼が乗っていた〈テルスター（Telstar）〉を設計したのが、当時、新進気鋭のデザイナーであり、また自身もレーサーであるドン・シェッドでした。シェッドの設計は、後に「ディープVをさらに深く掘り下げた」と言われるくらいに洗練されたもので、その後、1990年までの間に、彼の設計によるモデルが11回もカウズ～トーキー・レースで優勝しています。

■常に最先端

フェアクリフ・マリンは、そんなシェッドの才能を非常に高く評価。

37mクラスの37M Tri-Deck。さらに大きなモデルの計画も発表されています

1970年代にシェッドと彼のスタッフを丸抱えする契約を結びます。

シェッドはそれにより、フェアクリフ・マリンのためにさまざまなモデルを設計しますが、契約は、シェッドのレース活動やレーシングボートの設計を制限するものではなかったようで、彼はその後もレーサーとしてレースに出場。1980年代になっても、デザイナーとしてオフショアレーシングボートを設計していました。そのいくつかは、前述のようにカウズ～トーキー・レースで優勝しています。

シェッドのモデルは、1960年代にはレイ・ハントのバートラム（Bertram）と戦い、1970年代にはドン・アロノウのシガレット（Cigarette）と競い、1980年代の後半には、イタリアの天才デザイナー／レーサーであるファビオ・ブッツイ（Fabio Buzzi）のオフショアレーシングモデルとバトルを繰り広げます。シェッドのオフショアパワーボートは、どの時代においても、常に最先端のモデルとして、レースシーンを席巻していました。

1990年代から存在するManhattanシリーズも健在。これは60フィートクラス

サンシーカーの原点というべきパフォーマンスクルーザーSuperhawk 43

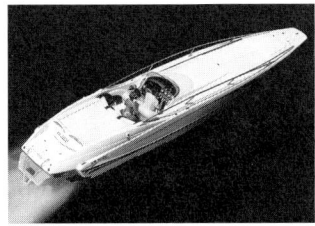

XS_2000はファビオ・ブッツィが設計したパフォーマンスボート。ラインナップ中では異端の一艇です

■サンシーカー誕生

シェッドの設計によるモデルを建造するようになったフェアクリフ・マリンは、彼の設計したオフショアパワーボートの高い航走能力と、高品質なインテリアを組み合わせることで、高級感のあるスポーツクルーザーを建造するビルダーという評価を得るようになります。

1980年には、社名をプール・パワーボート（Poole Power Boats）に、そして、1984年には、すでに同社のスポーツクルーザーのシリーズ名となっていた「サンシーカー」を社名とし、高級スポーツボートビルダーとしてのアイデンティティを確立します。

この当時のサンシーカーのラインナップは、エクスプレスクルーザーをその中核とするもので、オフショアレーシングボートなみの航走能力と、レザーやウォルナットを用いた高級モーターヨットの内装という、英国の高級スポーツカーを思わせるものとなっていました。

■スーパーヨット

現在のサンシーカーのラインナップは、スーパーヨットなどと呼ばれる大型のクルージングモデルが中心となっています。

ラインナップの最大艇は、37mクラス（約121フィート）。34mクラス（約112フィート）がそれに次ぐサイズですが、すでに40m超のFRP艇、50m超のアルミ合金艇といったモデルも計画されています。

近年はどのモーターヨットビルダーもラインナップの大型化を図っていますが、サンシーカーが抱えるモデル群は、通常のモーターヨットビルダーとメガヨットビルダーのそれを合わせたようなもの。幅広いレンジをカバーしています。

また、同社の場合、「プレデター（Predator）」と名づけられた、スポーティーなモーターヨットのシリーズが充実しているのも特徴です。

現在はドン・シェッドが直接設計に携わっているわけではないようですが、それでも、同社のクルーザーには、彼が得意とした、シャープで、洗練された、独特の雰囲気を感じさせるものがあります。

*

サンシーカーが成功したのは、ドン・シェッドの設計そのものによるところも大きいのですが、そういう彼を見出し、ほぼ全面的に設計を任せたフェアクリフ・マリンの経営陣の決断もまた、見事だったというべきでしょう。

Sunseeker International
http://www.sunseeker.com/

095

タルガ
TARGA

Finland ● フィンランド

国際ワンデザインクラスのセールボートビルダーとしてスタート。
1984年に25フィートクラスの「タルガ」から始まったシリーズが、
23～42フィートクラスをカバーする現行ラインナップに成長。

■当初はセールボート

現在、「タルガ」というブランドのボートをラインナップするボートニアマリンが設立されたのは1976年。創設者は、現在も同社を率いるヨハン・カルペラン（Johan Carpelan）という人物です。なお、ブランド名のタルガ（targa）は、（競技などの勝者の栄誉をたたえる）「盾」や「銘板」の意のイタリア語です。

ボートニアマリンは、創設の翌1977年からボートの生産を開始しますが、最初のプロダクションは、全長8mあまりのセールボート、「Hボート（H-Boat）」でした。

このHボートは、1967年に設計された、「国際ワンデザインクラス」のモデルのひとつで、それがISAF（International SAiling Federarion＝国際セーリング連盟）によって公認されたのが1977年。まさにボートニアマリンが同モデルの建造を開始した年です。

Hボートは、その後、5,000艇以上が建造されており、特にヨーロッパでは、非常に人気のあるクラスになったようです。ボートニアマリンによると、同社は2004年までHボートの生産を続けていたようで、その総生産数は1,005艇。現在でも、（主にヨーロッパなどの）中古艇市場ではかなりの数のボートニアマリン製Hボートが流通しています。

Hボートのビルダーとしてスタートした同社は、その後、ほかのセールボートも建造。セールボートビルダーとしての活動を続けますが、1984年に「タルガヨット（Targa Yachts）」という会社から「タルガ25（Targa 25）」というモータークルーザーの生産権を購入。それにより同社は、セールボートもモーターボートも建造する総合ビルダーとなります。

■タルガシリーズの確立

タルガ25は、現在の同社のラインナップの原型というべきモデルで、前傾した前面ウインドウを備えた、ワークボート風のクルーザーでした。

同社は、このモデルをベースに、同じ方向性を持つモデルでシリーズを構成。1989年には「タルガ29」と、そのバリエーションとして、さらに2フィート、あるいは4フィート、全長の長いモデルも登場させます。

1990年代に入ると、タルガシリーズはそのラインナップを急速に拡大。1992年に「27」と「23」、1994年には最初のプロダクションであった「25」を「Mk II」に進化させ、さらに1995年に「33」、1997年に「30/31」、そして1998年には「37」と、20フィート台前半から30フィート台の後半までのラインナップを完成させます。

＊

現在のボートニアマリンは、すでにセールボートの建造は中止し、もっぱらタルガシリーズのみを建造しています。そのラインナップは、23フィートクラスから42フィートクラスまで7クラス。通常のタルガシリーズのほかに、業務艇仕様のモデルや「タルフィッシュ（Tarfish）」というフィッシングモデルなどのバリエーションも用意されています。

ラインナップ最小の23.1。23フィートクラスのモデルとしては2世代目

パイロットハウスの後部にもドアを設けたTarfish 820

ラインナップの最大艇42。シリーズ他艇と同様にスターンドライブ仕様です

Botnia Marin
http://www.targa.fi/

ティアラ
TIARA

U.S.A. ● アメリカ

「パスート」と艇体共用で始まったS2ヨットの3番目のブランド。決して派手ではないものの、しっかりとしたコンセプトのモデルで成長し、現在は3シリーズのモデルでラインアップを構成。

○ ティアラは、米国の「S2ヨット」が抱えるボートビルダーのひとつです。現在、S2ヨットグループは、このティアラと「パスート」という2つのビルダーと、それらの親会社として機能しているS2ヨットで構成されていますが、これらは、ともにスリッカーズ家のファミリービジネスから発展してきたものです。スリッカーズ家のビジネスやS2ヨットグループについては、112ページの「パスート」の項で説明していますので、そちらを参照してください。

■パスートとティアラ

かつて自身が立ち上げたビルダーでありながら、AMFという大手企業の買収を受けたスリッククラフト(Slickcraft)を1974年に辞したレオン・スリッカーズ(Leon Slikkers)は、新たに「S2ヨット(S2 Yachts)」を立ち上げます。このビルダーは、当初セールボートのみを建造していましたが、1977年には、モーターボートの「パスート(Pursuit)」シリーズをリリース。1年遅れで(1979年向けに)「ティアラ3100」シリーズを発表します。これが「ティアラ」の最初のモデルですが、実は、パスートにも同時に同じモデルをラインアップしています。

ティアラとパスートで同じモデルをラインアップするという状況はかなり後まで続きますが、パスートはより小型の船外機仕様艇やスターンドライブ艇が中心になり、一方、ティアラは基本的にインボード仕様艇のみとなって、徐々に両ブランドの差別化が図られることになります。

ブランド創設以来のコンセプトを現代的なスタイリングとアレンジでまとめたOpenシリーズ。これは3600 Open。2009年モデルはボルボ・ペンタのIPSを搭載可能

2000年代に入ってから、新たに純粋なクルージングモデルとしてシリーズ化されたSovranの最小艇、3500 Sovran

■2000年代に「ソヴラン」を追加

ティアラはラインアップを少しずつ拡大。最初の3100シリーズの後は、2700シリーズ、2600シリーズと小型のモデルが続きますが、次に3600、さらに3300シリーズを登場させ、1990年には、4300シリーズとして、43フィートのエクスプレスとコンバーチブルをラインアップに加えます。

1990年代に入ると、モデル名はそのまま、また、スタイリングもほとんど変更せずにハルを新世代のものとし、上部構造のモールドもより合理的なタイプに変更。ハルの変更による航走感の変化は大きく、その走りは非常に洗練されたものになりました。

この当時のティアラのラインアップのうち、「オープン(Open)」と名づけられたエクスプレスタイプは、アレンジ次第でフィッシングにも、クルージングにも対応できるタイプで、現在の「オープン」シリーズに。さらに、2000年代に入ると、クルージング向きの「ソヴラン(Sovran)」という新シリーズが登場し、現在のラインアップの基礎ができ上がります。

＊

現在のティアラは、30～42フィートクラスの「オープン」と、35～47フィートクラスの「ソヴラン」、さらに39、48という2クラスのコンバーチブルをラインアップ。高品質なモデルを供給するビルダーとして、幅広いユーザーの支持を受けています。

Tiara Yachts(S2 Yachts Group)
http://www.tiarayachts.com/

トロフィー
TROPHY

U.S.A. ● アメリカ

ベイライナーの一シリーズとして始まったモデル群から、
独立したフィッシングボートのブランドに。
現在は、小型のセンターコンソールやウォークアラウンドが主力。

■ベイライナーの一シリーズ

トロフィーは、その当時、ベイライナー（Bayliner）の経営母体であったUSマリン（US Marine）がフィッシングボート市場へ進出すべく建造を開始したもので、もともとはベイライナーの一シリーズというニュアンスでした。その後、USマリンがブランズウィック（Brunswick）に買収され、ブランズウィック傘下のブランドの位置づけが見直されるなどした結果、トロフィーは徐々にその独立性を強め、現在ではベイライナーとの関係性がほとんど感じられないブランドになっています。

なお、ベイライナーやUSマリンについては、21ページの「ベイライナー」の項を参照してください。

最初に「トロフィー」という名のモデルが登場したのは1984年。「2860トロフィー」というインボード仕様のエクスプレスフィッシャーマンでした。そのハルは、前年に登場したベイライナーの「2850コンテッサ・コマンドブリッジ／サンブリッジ（2850 Contessa Command Bridge / Sunbridge）」に用いられていたものの流用でしたが、もともと2基掛けスターンドライブだった駆動系を2基掛けインボード・ダイレクトドライブに変更した結果、そのプロペラを収めるために、船底にはプロペラポケットが設けられていました。かなり手間のかかる改修を行っていたわけですが、さすがに、それ以降のトロフィーでは、せいぜいスターンドライブを船外機に変更する程度で済ませるようになっています。

■独立したブランドへ

1986年には、USマリンがブランズウィックの傘下に入ったことで、トロフィーもブランズウィックが抱えるブランドのひとつになります。ただ、当初は、ベイライナーとトロフィーの関係にもそれほど大きな変化はなく、ベイライナーのハルを流用したモデルはありましたし、初期の「ベイライナー2560（後の2556）」などは、ベイライナーとトロフィーの両方が同じそのモデルをそれぞれのカタログに掲載していたくらいです。

しかし、1990年代も半ばになると、同じブランズウィック傘下のエンジンメーカーであるマーキュリーマリンの新型2ストロークDI船外機をパッケージしなければならないといったグループ内の事情などもあって、トロフィーのラインナップには、ベイライナーとは別設計のハルを用いたモデルが増えてきます。当然、上部構造も一新されるため、そのモデルは、より本格的なスポーツフィッシングボートとしての完成度を高め、2000年を過ぎるころには、ベイライナーの一シリーズだったころの名残はほとんどなくなります。

＊

現在のラインナップは16～29フィートクラスに23モデル。センターコンソールやウォークアラウンド、デュアルコンソール、ベイボートなどに加え、簡易構造の廉価版モデルもあり、あらゆるタイプの小型フィッシングボートが揃えられています。

1952。19フィートクラスのウォークアラウンド。スターンドライブ仕様です

現在のトロフィーを代表するモデルのひとつ、2503。船尾下がりのシアーが特徴

最大艇の2902。現在のラインナップの中では、一世代前のモデルといえるでしょう

Trophy（Brunswick Family Boat）
http://www.trophyfishing.com/

バイキング

VIKING

U.S.A. ● アメリカ

1964年にヒーリー兄弟が手に入れた木造艇ビルダーは、
1970〜1980年代にかけて大きく成長し、その地位を確立。
現在はプロダクション・コンバーチブルのトップビルダーのひとつ。

■安定した経営

バイキングは、現在の米国のコンバーチブル／モーターヨット・ビルダーの中で、もっともその経営形態に変化がなく、安定した状態が継続しているもののひとつです。

創設以来、1970年代のオイルショック、そして1990年代の景気後退という2度の「ボート不況」があったにもかかわらず、同社のラインナップの主軸というべきコンバーチブル系モデルは、モデルチェンジのたびに、より大きく、より洗練されたものに進化し続けており、ことコンバーチブルに限るならば、そのラインナップは、確実に拡大されてきました。また、経営権は、創業時から同社を率いてきたヒーリー兄弟を中心とする、ヒーリー家が変わらずに保有しています。

現在の同社は、42〜82フィート、14クラスに20モデルというコンバーチブル・ラインナップを中心に、40〜52フィートクラスに4モデルのエクスプレスモデルなどもラインナップする、コンバーチブル／スポーツフィッシャーマン・ビルダーです。

バイキングの名声を一気に高めた40 Sedan。10年間で400艇のヒット作です

また、バイキングは、1997年以来、英国の「プリンセス」を輸入し、米国内向けに「バイキング・スポーツクルーザー（Viking Sport Cruiser）」として販売してもいます。ただ、経営形態としては、「バイキング・ヨット社（Viking Yachts Co.）」とは別の「バイキング・スポーツクルーザーズ社（Viking Sport Cruisers Inc.）」という会社が手がける事業となっており、バイキング・ヨット自体が直接に輸入や販売を行っているわけではありません。

■ヒーリー兄弟

ビルとボブのヒーリー兄弟（William "Bill" Healey, Robert "Bob" Healey）は、1950年代から不動産開発のベンチャービジネスを手がけており、その一環として、ニュージャージー州のバス川（Bass River）河畔のマリーナ開発を行っていたのですが、それとほぼ同時に、経営が悪化していた木造艇ビルダー、「ピーターソン・バイキング（Peterson-Viking）」を買収。彼らは、そのビルダーを開発したばかりのバス川河畔のマリーナに移転し、彼ら自身がその経営に乗り出します。1964年のことです。

ヒーリー兄弟は、まずそのビルダーの名前を「バイキング・ヨット（Viking Yachts）」に変更。不動産ビジネスは中止し、もっぱらビルダーの経営建て直しに専念することにします。

ピーターソン・バイキングの時代には36フィートクラスの木造モーターヨットやフィッシングボートなどを建造していました。バイキングの当初のモデルは、その時代のものを受け継ぐような木造艇だっ

旧ガルフスターの施設で建造された50 Motor Yacht。短命なシリーズでした

たのですが、1970年代に入ったところで素材をFRPにシフト。同社初のFRPプロダクションは、1971年に登場した33フィートクラスのコンバーチブルでした。

◾ブルース・ウィルソン

プロダクションFRP化の直前であった1969年、バイキングにブルース・ウィルソン（Bruce Wilson）という人物が加わります。

彼は、当初、エンジニアリングなどに携わっていたのですが、設計部門を率いていたビル・ホール・Jr.（Bill Hall, Jr.）に見出され、そちらの分野に転身。そして1973年、彼にとって、初めての本格的な新艇プロジェクトとなった、40セダン（コンバーチブル）がリリースされます。

このモデルは、バイキングの評価を一気に高めるベストセラーとなりました。ハル構造、レイアウト、スタイリングなどは、その後のバイキングのスタンダードとなるものが多く含まれており、特にその後の同社のモデルの特徴ともいうべき、H鋼を用いた頑丈なエンジンマウントは、このモデルから採用されたものです。

バイキング40セダンは、1973〜1983年の間ラインナップされていましたが、その間に400艇以上を販売。ブルース・ウィルソンは、それ以降、設計部門の牽引者として、現在に至るバイキングのアイデンティティを確立します。

◾モーターヨットシリーズ

コンバーチブル系モデルの船尾部分だけ変更したようなモーターヨットは、1980年代のコンバーチブルビルダーで多く見られました。バイキングもそういったモデルを建造しています。ただ、同社の場合、より本格的にモーターヨット市場へ参入しようと考えたようで、1987年にフロリダの「ガルフスター（Gulfstar）」を買収し、コンバーチブルとはまったく別の、モーターヨットシリーズを構築します。それらの設計は、ガルフスターの経営者ファミリーのひとりだった、リッチ・ラザーラ（Rich Lazzara）の手に成るもので、スタイリングも、インテリアも、コンバーチブルとは異なるコンセプトのものでした。

しかし、1990年代、世界的な不況や、米国のラクシャリータックス（luxury tax＝奢侈税）により、「ボート不況」というべき状況が訪れます。バイキングも一時期は苦しい状態にあったようで、モーターヨットシリーズは1990年代半ばでフ

2009年モデルとして登場した42 Convertibleは、ラインナップ最小モデル

52 Openは、現行エクスプレスシリーズの最大艇です

ェードアウト。クルージング系モデルの自社生産を中止し、1997年以降は、前述したように、英国のプリンセスからOEM供給されているバイキング・スポーツクルーザー」を販売しています。

　　　　　＊

バイキングの経営は、創設者であったヒーリー兄弟が2人で行っていましたが、ビルが引退したことにより、彼の息子であるパット・ヒーリー（Patrick "Pat" Healey）が副社長から社長に昇格。事実上、2世代目の経営者となっています。

また、設計部門を率いてきたブルース・ウィルソンの息子、デイビッド・ウィルソン（David Wilson）は、高校時代から父親のもとで設計のノウハウを覚え、専門教育を受けた後、CADのエキスパートとして設計に参画。すでにいくつかの新艇プロジェクトにかかわっています。

安定した経営と着実な成長で現在の名声を得たバイキングですが、新世代へのノウハウの受け継ぎも、上手くいっているようです。

68 Convertibleは、現在のバイキングを代表するモデルのひとつ

Viking Yachts
http://www.vikingyachts.com/

099

ウェルクラフト
WELLCRAFT

U.S.A. ● アメリカ

個人の手造りによる小型FRPボートをルーツとするビルダー。
1980年代にはあらゆるサイズの、あらゆる艇種をラインナップするものの、
その後の事業縮小で、現在はフィッシングボート専門ビルダーに。

■1955年のFRPボート

ウェルクラフトのルーツとなったのは、1955年にビル・デイビス（William "Bill" Davis）という人物が造りはじめた12フィートモデルでした。このモデルは、当時の最新素材だったFRPで建造されており、9.9馬力の船外機で気持ちの良い走りをするものだったようです。

この12フッターの評判は非常に良く、その評判を聞きつけたエド・クラフトン（Ed Crafton）が自身の会社で量産を開始。そのときの会社名が現在まで続くウェルクラフトでした。1956年のことです。

晩年のクラフトン自身が語ったところによると、当時の会社は「車2台分のガレージ」だったそうで、彼と妻のミッツィ（Miztsi Crafton）による、家族経営の工房レベルのものだったようです。また、エドが眼病を患ったこともあって、クラフトン夫妻の苦労は相当なものだったようですが、ウェルクラフトに対する評価は高まる一方で、会社は急成長。資料によっては、1960年代初めに100人を超える社員を抱えていたとしています。

なお、最初の12フィートモデルを建造したビル・デイビスは、その後ウェルクラフトを離れて別なビルダーを設立。また、エド・クラフトンもほかの新事業へ集中すべく、1960年代には、ウェルクラフトを離れています。

■ボートのデパート

1970年代、ウェルクラフトは、オフショアレースの世界で有名なデザイナー／レーサーであったラリー・スミス（Larry Smith）をスタッフとして迎え、1976年には、彼のオリジナルであったハイパフォーマンスボートの「スカラブ（Scarab）」シリーズをラインナップ。1982年には大型モーターヨットビルダーの「カリフォルニアン（Californian）」を買収し、ラインナップの大型レンジを補完するとともに、大型艇建造のための設備を充実させます（カリフォルニアンは1987年に売却）。その結果、1980年代の終わりの同社は、小型のスポーツフィッシングボートから大型モーターヨットまで、あらゆるクラスの、あらゆる艇種をラインナップする、ボートのデパートのような存在になっていました。

なお、ウェルクラフトは、1984年にミンスター社（Minstar Inc.＝現在のジェンマーホールディングス）の資本を受け入れ、その傘下に入りました。

＊

1990年代の景気後退と米国のラクシャリータックス（luxury tax＝奢侈税）をきっかけとして始まったボート界の不況は、ウェルクラフトのように多様なシリーズをラインナップするビルダーにとって、かなり厳しいものだったようです。最終的に、同社は中〜大型モーターヨットやスカラブの建造を中止。さらにファミリーボートもラインナップから外して、フィッシングボートビルダーとして活動を継続する道を選びます。現行ラインナップはフィッシングボートのみですが、2006年以来、「スカラブ」の名称を持つパフォーマンスセンターコンソールが復活しています。

18フィートクラスから用意されたセンターコンソールの最大艇、Fisherman 252

2006年に復活したScarabシリーズのScarab 35 Tournament

ラインナップの最大艇であり、唯一のインボード2基掛け艇、Coastal 360

Wellcraft Marine
http://www.wellcraft.com/

100 イエローフィン
YELLOWFIN

U.S.A. ● アメリカ

強力な航走能力を誇るパフォーマンス・センターコンソールで、スポーツフィッシングボートの世界の新しい潮流を作ったビルダー。現在は船外機4基掛けの42フッターもラインナップ。

フラッグシップのYellowfin 42。写真は船外機3基掛け仕様です

■レース界から転身

イエローフィンヨット社が設立されたのは1999年。実際にそのプロダクションが市販されたのは2000年になってからのようです。まだ若いビルダーなのですが、同社は、パフォーマンス・スポーツフィッシャーマンと呼ばれるような、船外機多基掛けの高性能センターコンソールを他のビルダーに先駆けてラインナップし、また、そういったモデルのスペシャリストとしての地位をいち早く確立したビルダーでもあります。

イエローフィンの創設者であり、現在も同社を率いるワイリー・ネグラー(Wylie Nagler)は、もともとオフショアレースの世界にいた人物で、APBA(American Power Boat Association)が主催するオフショアレースのストッククラスなどに出場していました。しかし、彼自身の述べるところによると、「子供が出来たことをきっかけに」レースの世界から身を引き、スポーツフィッシングやそのためのボートの建造という、もうひとつの興味の対象であった分野を手がけることにしたのだそうです。

最初のイエローフィンは31フィートクラスのセンターコンソール。細身のディープVをベースにしたステプト・ハルに高出力船外機を2基掛けにしたそのモデルは、パフォーマンスボートビルダーが「スポーツ」などと名づけてラインナップしているマルチパーパスモデルと似たようなものでしたが、イエローフィンはあくまでもシンプルなフィッシングボートとしてそのモデルを建造。また、そのモデルの発売と同時に「イエローフィン・フィッシングチーム」を結成し、フィッシングトーナメントなどで積極的なプロモーションを開始します。

■強力なパフォーマンス

最初の「31」も、かなりのパフォーマンスを発揮するモデルでしたが、同社が一躍パフォーマンス・スポーツフィッシャーマンビルダーとして注目を集めるきっかけとなったのは、2モデル目の36フッターでしょう。

2002年に登場したこのモデルは、縦横比が3.67という細身のディープV系ステプト・ハルに当時の2ストローク300馬力クラスの船外機を3基掛けにした、強力な航走能力を持つものでした。パフォーマンスボートやレースボートの世界では、かなり以前から船外機3基掛けのモデルは存在していましたが、フィッシングを前提としたセンターコンソールとしては、きわめて先進的なアレンジでした。

その後、同社はスキフやベイボートなどもラインナップに加えるものの、その中核は変わらずにパフォーマンス・センターコンソールです。

*

現在、23〜42フィートクラスに5モデルがラインナップされたセンターコンソールは、どれもが強力な航走能力を備えるモデルですが、特にフラッグシップの「42」は、300馬力クラスの船外機を4基掛け可能な大型センターコンソールで、同社のラインナップにおいては、そのパフォーマンスのシンボル的な存在となっています。

Yellowfin 32。創設以来ラインナップされていたYellowfin 31の後継モデル

Yellowfin Yacts
http://www.yellowfinyachts.com/

国内取り扱い会社

● これは本書で取り上げた100のビルダーのボートを、日本で輸入販売している会社のリストです。『ボーティングガイド2009』(舵社刊)に掲載された情報などをもとに作成したもので、すべての取り扱い会社を網羅しているものではありません。(舵社編集部)

001 アルベマーレ ALBEMARLE
ハウンツ　TEL：045-778-1532
http://www.haunts-bs.com

004 アプレアマーレ APREAMARE
テクノマーレインターナショナル
TEL：048-878-6806
http://www.tecnomare-yachts.co.jp/

005 アリマ ARIMA
ワンズオートクラブ　TEL：0282-25-0664
http://www.boat-boat.co.jp/

006 アジム AZIMUT
カトウヨット　TEL：052-654-6707
http://www.katoyachts.com/

007 ベイライナー BAYLINER
高松マリーナ　TEL：0120-27-6418
http://www.bayliner.co.jp/
行徳マリーンクラブ　TEL：047-359-1781
http://www.gyotoku-marine.co.jp/

008 ベラ BELLA
オカザキヨット　TEL：0798-32-0202
http://okazaki.yachts.co.jp/

009 ベネトウ BENETEAU
ファーストマリーン　TEL：046-879-2181
http://www.firstmarine.co.jp/

010 バートラム BERTRAM
安田造船所　TEL：03-3790-2230
http://www.yasuda-shipyard.com/

012 ボストンホエラー BOSTON WHALER
ブランズウィック・ボート・グループ
TEL：053-423-2500
http://www.brunswickboatgroup.jp/
マツイ　TEL：03-3586-4141
http://www.matsui-corp.co.jp/

013 カボ CABO
キーサイド　TEL：045-773-0777
http://www.quayside.co.jp/

014 キャンピオン CAMPION
ジェイエスピー レスコ
TEL：0564-56-0001
http://www.resuco.co.jp/
パシフィックオーシャンジャパン
TEL：0964-53-0808
http://www.pacificocean.jp/

015 カリビアン CARIBBEAN
オーシャンマリン　TEL：072-432-5944
http://www.ocean-group.com/

016 カロライナクラシック CAROLINA CLASSIC
企画室イオ　TEL：052-692-6065

017 カロライナスキフ CAROLINA SKIFF
ボートクラブカナル　TEL：053-489-2877
http://www.bc-canal.com/

018 カーバー CARVER
ヤマハボーティングシステム
TEL：045-775-1150
http://www.ybs.co.jp/

021 クリスクラフト CHRIS-CRAFT
ジャパンマリンスポーツコーポレーション
TEL：045-772-0070

024 コンテンダー CONTENDER
アンセット　TEL：03-5244-2544

031 エッジウォーター EDGEWATER
ステーベル　TEL：045-521-1140
http://www.stebel.co.jp/

035 フェアライン FAIRLINE
シティマリーナヴェラシス
TEL：046-841-2138
http://www.velasis.com/

036 フェレッティ FERRETTI
テクノマーレインターナショナル
TEL：048-878-6806
http://www.tecnomare-yachts.co.jp/

041 グラストロン GLASTRON
マリンショップ太陽　TEL：0561-83-1674

042 グラディホワイト GRADY-WHITE
アンセット　TEL：03-5244-2544

043 グランドバンクス GRAND-BANKS
シティマリーナヴェラシス
TEL：046-841-2138
http://www.velasis.com/

044 ハトラス HATTERAS
ブランズウィック・ボート・グループ
TEL：053-423-2500
http://www.brunswickboatgroup.jp/

045 ヘンリケス HENRIQUES
タスカーマリン販売　TEL：042-482-3601

046 ヒンクリー HINCKLEY
シティリーナヴェラシス
TEL：046-841-2138
http://www.velasis.com/

050 アイランドジプシー ISLAND GYPSY
マリンアートプロダクツ
TEL：046-881-4004
http://www2.odn.ne.jp/map/

051 ジャノー JEANNEAU
オデッセイマリーン　TEL：046-875-0650
http://www.odysseymarine.co.jp/

054 ルアーズ LUHRS
エースマリン　TEL：045-773-4921
http://www.ace-marine.co.jp/

056 メインシップ MAINSHIP
エースマリン　TEL：045-773-4921
http://www.ace-marine.co.jp/

058 マクサム MAXUM
スナガ　TEL：0276-74-4110
http://www.sunaga-boat.co.jp/

059 ミノア MINOR
オカザキヨット　TEL：0798-32-0202
http://okazaki.yachts.co.jp/

060 モチクラフト MOCHI CRAFT
テクノマーレインターナショナル
TEL：048-878-6806
http://www.tecnomare-yachts.co.jp/

062 ニンバス NIMBUS
ステーベル　TEL：045-521-1140
http://www.stebel.co.jp/

064 ノードヘブン NORDHAVN
ランドフォールマリン
TEL：072-626-6487
http://www.landfall-marine.com/

065 ノルディックタグ NORDIC TUGS
オカザキヨット　TEL：0798-32-0202
http://okazaki.yachts.co.jp/

066 オーシャンアレキサンダー OCEAN ALEXANDER
スターボード　TEL：03-5570-2700
http://www.starboard.co.jp/

068 オーシャンヨット OCEAN YACHTS
シティマリーナヴェラシス
TEL：046-841-2138
http://www.velasis.com/

069 パーシング PERSHING
テクノマーレインターナショナル
TEL：048-878-6806
http://www.tecnomare-yachts.co.jp/

070 プレジデント PRESIDENT
ポートサイド　TEL：045-770-6141
http://www.portside-marine.com/

071 プリンセス PRINCESS
ブロードマリン　TEL：03-3466-6607

075 リーガル REGAL
グレートワークス　TEL：03-3543-6800
http://www.regalboat.jp/

079 リビエラ RIVIERA
八光ボーティング　TEL：06-6449-8686
http://www.hakkoboating.com/

080 ロバロ ROBALO
湘南サニーサイドマリーナ
TEL：046-856-7810
http://www.sunnyside.co.jp/

081 ロッドマン RODMAN
エースマリン　TEL：045-773-4921
http://www.ace-marine.co.jp/

083 シーレイ SEA RAY
アインスAリゾート　TEL：072-224-4040
http://www.eins-a.jp/

086 シースポーツ SEA SPORT
パシフィックオーシャンジャパン
TEL：0964-53-0808
http://www.pacificocean.jp/

087 シーワード SEAWARD
エフアンドエヌ　TEL：075-343-0639
http://homepage3.nifty.com/FandN/

089 シグネチャー SIGNATURE
八光ボーティング　TEL：06-6449-8686
http://www.hakkoboating.com/

090 シルバートン SILVERTON
スナガ　TEL：0276-74-4110
http://www.sunaga-boat.co.jp/

092 ステバー STEBER
タスカーマリン販売
TEL：042-482-3601

093 ストレブロ STOREBRO
ステーベル　TEL：045-521-1140
http://www.stebel.co.jp/

094 サンシーカー SUNSEEKER
サンシーカージャパン
TEL：03-5456-5045
http://sunseeker.jp/

095 タルガ TARGA
ハイテックシステム　TEL：0726-49-5260

096 ティアラ TIARA
スターボード　TEL：03-5570-2700
http://www.starboard.co.jp/

097 トロフィー TROPHY
高松マリーナ　TEL：0120-27-6418
http://www.bayliner.co.jp/
行徳マリーンクラブ
TEL：047-359-1781
http://www.gyotoku-marine.co.jp/

098 バイキング VIKING
ヤマハボーティングシステム
TEL：045-775-1150
http://www.ybs.co.jp/

あとがき

　2007年は米国のサブプライムローンの問題がクローズアップされ始めたところでした。そして2008年、そのサブプライムローンに端を発する世界的な不況が顕著化し、それは2009年現在も続いています。実は、本書の執筆を開始したのがちょうど2007年。そして、その後、世界経済の状況はどんどんと悪化しました。

　不況となって、真っ先に切り捨てられるのは、生活に直結しない趣味の分野です。米国を中心とした多くのボートビルダーの経営状況はあきらかに悪化し、インターネット経由でヨーロッパや米国から送られてくるボーティング関係メールマガジンのニュースは、ボートビルダーのリストラや生産縮小に関するものが多くなりました。そして、当初、本書で取り上げるべくリストアップしたビルダーの中にも、生産を停止するところが出はじめます。

　本書で取り上げるビルダーのリストは、そういったわけで、何回か修正を余儀なくされました。

　また、本文内容の最終的なチェックは2009年1月の時点で行ったのですが、その際、かなりのビルダーのラインナップが、2008年や2007年のそれに対して、縮小傾向にあったという印象もあります。

*

　プレジャーボートビルダーの多くが、その経営を短期間で急速に圧迫されるような状況というのは、これまでにもありました。

　まず1973〜1974年のオイルショック。燃料の高騰は、大排気量のエンジンを搭載する高速艇や大型艇にとって特に深刻な問題となりました。また、石油化学製品やそれらを用いた二次製品の価格上昇で、艇体の建造コストも上昇。ランニングコストだけでなく、イニシャルコストも上昇したことから、大型艇の売れ行きは一気に悪化し、ビルダーの倒産や生産停止を招く事態となりました。

1990〜1993年の米国では、「ラクシャリータックス（luxury tax＝奢侈税）」がボートにも課せられましたが、これも大型艇の売れ行きを急速に悪化させるという事態を招きました。ボートの場合、100,000ドルを超える価格の新艇に販売価格の10％が課税されるというもので、大型で高価なモデルをラインナップの中核としていたビルダーにとっては大問題でした。しかも、世界的に景気が悪化していた時期であったところに、湾岸戦争勃発による突然の原油高などが重なったため、不況は一層深刻化。いくつかの有名なビルダーも生産停止などに追い込まれましたし、いくつかのビルダーは大きなビルダーグループの傘下となりました。

　ただ、1973〜1974年のオイルショックは、少ない燃料で長距離を走ることのできる、ロングレンジクルーザーやパッセージメーカーと呼ばれるようなタイプのモデルが、一躍、脚光を浴びるきっかけとなり、さらに省燃費という考え方がプレジャーボートの世界でも重視されることにつながります。また、1990〜1993年のラクシャリータックスは、イニシャルコストを下げるためのさまざまな建造技術開発の発端となりました。

　しかし、今回の不況は、もっぱら経済全般の失速であり、ボートそのものの工夫や新しい技術に直接つながるようなものとは思えません。それだけに、ボートビルダーにとっては、より深刻なものなのではないか、という気がします。

＊

　本書で取り上げた100ビルダーの中には、今回の不況の影響で、その経営形態の変化を余儀なくされるところもあるでしょう。しかし、そういう状況だからこそ、それらビルダーの足跡や現状を、今、記録しておくことに意味があるのではなかろうか、とも思うのです。

2009年2月2日

中島新吾
(Boating Analyst)

著者プロフィール

中島新吾(なかじま・しんご)

1955年生まれ。武蔵野美術大学大学院造形研究科デザイン専攻修士課程修了。1980年代後半からフリーランスのボーティングアナリストとして、専門誌を中心にボート評論、技術解説、写真撮影などの仕事を続けている。その豊富な経験と知識に裏付けられた的確なレポートは、業界内でも常に注目されるものとなっている。本書上梓時に雑誌で連載を担当する記事は、『ボート倶楽部』(舵社刊)の「スタディ・オン・ザ・ボート」「プロダクションボート再見」、『KAZI』(舵社刊)の「ボートレビュー」など。

世界のボートビルダー100

2009年3月31日　第1版第1刷発行

著　　者　中島新吾
発 行 者　大田川茂樹
発　　行　株式会社 舵社
　　　　　〒105-0013
　　　　　東京都港区浜松町1-2-17
　　　　　ストークベル浜松町
　　　　　電話 03(3434)5181
　　　　　FAX 03(3434)2640
　　　　　http://www.kazi.co.jp/
装丁・デザイン　佐藤和美
印　　刷　大日本印刷 株式会社

©2009 by Shingo Nakajima, printed in Japan
ISBN978-4-8072-5015-8
定価はカバーに表示してあります。無断複写・複製を禁じます